职业教育农业部规划教材

# 蚕病防治技术

CANBING FANGZHI JISHU

王明霞　主编

中国农业出版社
北　京

# 内 容 简 介

蚕病防治技术是五年制高职蚕桑（丝绸）技术专业的专业基础课之一，主要学习蚕病的识别、预防和治疗以及蚕病发生规律等方面的实用技术，是一门应用性较强的学科。本教材主要内容包含蚕病发生的原因、传染规律以及识别和防治病毒病、细菌病、真菌病、微粒子病、节肢动物病、中毒症等技术，另外还介绍了消毒防病等方面的基本知识。教材的主要特色是采用项目化组织方式，设计为既相互关联又相对独立的8个项目、21个典型工作任务。教材内容设计新颖，具有较强的开放性、实践性。有利于实施情境教学、理实一体化教学和教学资源利用，从而充分发挥学生的主体作用，激发兴趣，启迪智慧，努力做到学思结合、知行合一、因材施教。

本教材既可作为职业院校蚕桑专业教学用书，也可供各地桑蚕部门培训蚕农使用。

# 编审人员名单


**主　编**　王明霞

**副主编**　段卫平　许　涛

**编　者**　（按姓氏笔画排序）

王明霞（盐城生物工程高等职业技术学校）

许　涛（盐城生物工程高等职业技术学校）

钟　尯（中国农业科学院蚕业研究所）

段卫平（南阳农业职业学院）

**审　稿**　孙孝龙（盐城生物工程高等职业技术学校）

《蚕病防治技术》是介绍有关蚕病的识别、蚕病的预防和治疗以及蚕病发生规律的一门实用技术。作为五年制高职蚕桑（丝绸）技术专业的专业基础课之一，蚕病防治技术是一门理论与实践紧密结合、应用性较强的课程。通过本课程的学习，学生能掌握防治蚕病发生的基本理论和实际诊断蚕病、防治蚕病的基本技能，对养蚕制种实践过程中发生的蚕病进行正确的识别与预防，正确实施全过程蚕病防治，达到蚕桑、丝绸技术专业高级应用型人才所必需的培养标准。课堂教学采用行动导向教学法，培养学生自学能力和独立获取知识的能力。教学过程充分发挥学生的主体作用，使学生从被动的知识接受型转变为主动的知识获取型，在蚕病防治技术的实践活动中学会实用知识，掌握操作技能，提高学生到蚕业生产管理、茧丝绸技术部门的就业能力。课程按照"项目引入、突出任务、实践为主、知识够用、图文并茂、多元评价"的编写思路，紧扣生产实际和课程标准，体现学以致用的原则，实践性强；行文力求知识点明确，文字简练，图片新颖、直观；在课程结构组织方面，采用项目任务化课程设计，其中，"项目导学"明确项目的具体目标，明确实践内容，引导拓展探究；"任务目标"明确具体任务，提示知识要点，引导任务实践，提出总结评价；"应知理论"以必需、够用为原则，围绕学习任务，精述知识要点；"任务实践"以行动为导向，联系生产实际，分步实施教学；"任务考核"采用多元化学习评价方式，以学生为主、教师为辅，启发讨论，综合评价。在学习方法上注重激发兴趣，启迪智慧，融知识、技能、情感目标于一体。建议课程采用的教学方法主要有：

（1）情境教学。教师设置有利的教学情境，充分调动学习情绪，活跃课堂气氛，引导学生主动思考。教学内容与生产季节紧密联系，主要知识点通过教学互动准确、清晰地表现。

（2）理论与实践紧密结合。突出实验、实训、实习，加强校企合作和拓展训练，锻炼学生动手和科研能力，培养科学思维和创新能力，同时促进产学研一体化，提高教学质量。

(3) 充分利用多媒体教学资源。尽量借助多媒体课件、网络课程、微课等数字化教学资源，使教学更直观、更生动形象，提高教学有效性。

本教材的绪论和项目一和项目二由许涛编写，项目三至项目五由段卫平编写，项目六和项目七由王明霞编写，项目八由钟馗编写。本教材在编写过程中，承蒙苏州大学生命科学学院贡成良副院长，盐城市蚕桑站张节伯站长、吴华副站长，盐城市亭湖区蚕桑技术指导站江凤潮站长，以及盐城生物工程高等职业技术学校朱余清教授、童朝亮研究员的指导和帮助，在此表示衷心感谢！由于编者水平有限和时间紧促，难免存在不足之处，恳请读者批评指正。

编　者

2016 年 10 月

目录

# 绪　论

知识目标：了解蚕病的分布与危害，熟悉蚕病防治研究的历史与现状。

能力目标：掌握学习蚕病防治技术的目的及方法。

情感目标：了解蚕病的防治历史，树立严谨、认真的学习态度，提高对蚕病防治重要性的认识。

蚕业生产丰收的关键是控制蚕病的发生。初学者应认识到学习蚕病防治技术的重要性，了解本省、本地区的蚕病分布与危害状况，了解蚕病防治研究的历史和国内外蚕病研究的现状，从而激发学习蚕病防治技术的积极性，掌握正确的学习方法，特别是要注重通过实践进行学习。

## 一、蚕病的分布与危害

蚕病是指蚕体受病原微生物的侵袭、寄生虫的侵害、理化因素刺激及其他不良饲养环境影响，导致生理失常，表现种种异常状态，甚至死亡的现象。各种蚕病的发生发展都有一定的规律，根据蚕病发生规律，采取适当的防范措施，才能有效地控制蚕病的发生，确保蚕业生产的稳定，夺取蚕茧的优质高产。

因自然环境条件、养蚕技术、防病消毒水平及饲养的蚕品种等有所不同，我国太湖流域蚕区、华南蚕区、长江以北和内地的各个蚕区等蚕病危害程度也有所不同。

**1. 太湖流域蚕区**　养蚕技术水平较高，养蚕设施完备，防病消毒也较彻底，传染性蚕病发生一般较少。但由于城乡工业发展后环保措施未及时跟上，废气的污染对养蚕业构成了一定威胁，加上水稻、棉花等作物的栽培中喷施各种药剂的数量不断增加，因而蚕的各种中毒症，特别是氟化物中毒往往出现较多。

**2. 华南蚕区**　因全年多次连续养蚕，气温较高，病原增殖的机会多，消毒的难度大，病毒病、细菌病和微粒子病的危害相对较重。

**3. 长江以北和内地的各个蚕区**　总体来说属于受蚕病危害较重的蚕区，但由于各地养蚕历史长短不一，养蚕技术水平相差悬殊，有些老蚕区蚕农对于防病消毒工作比较重视，蚕病控制较好。但在一些偏僻山区，群众的养蚕技术尚处在比较原始的状态，蚕病危害往往十分严重。

就季节而言，春蚕期发病一般较轻，夏秋蚕期发病较重，少数蚕区早秋蚕和晚秋蚕发病更重。就蚕病的种类来说，在传染性病害中，危害最重的是病毒病，其中春季以核型多角体病为主，夏秋季则多发质型多角体病和浓核病；真菌病在长江流域及日照较少的深山区也比较多，在多雨年份发病率甚至超过病毒病；细菌性蚕病在华南地区的发病率也比较高；微粒子病在20世纪六七十年代，全国除广东以外已完全控制，但近年来由于多种因素影响，形势仍然不容乐观；蝇蛆病在各个蚕区不同季节也时有发生，其中夏秋蚕较春蚕多，南方比北方危害重；虱螨病主要分布在四川、浙江、江苏、山东等省的产棉区，20世纪60年代初曾对蚕业造成较大危害，近年来已基本得到控制。

## 二、蚕病防治研究的历史与现状

### 1. 蚕病防治研究的历史

（1）中国古代积累了丰富的蚕病防治知识。养蚕业始于中国，我们的祖先在栽桑养蚕的开始，就有了蚕病的危害及防治方面的知识。

早在公元前600多年的春秋时期，齐国宰相管仲《管子·山权数》中就有蚕病危害和以黄金奖励蚕病防治能手的记载；秦汉时代的《神农本草经》、宋代的《物类相志》中也分别有白僵蚕和蝇蛆蚕的记述，南宋陈旉《农书》卷下蚕桑叙篇（1149年）和元代王盘《蚕桑辑要》（1273年）中更分别有“伤湿即黄肥，伤风即高节，沙蒸即脚肿，伤冷即空头”和蚕“食湿叶多生泻病，食热叶即腹结，头大尾尖”的记述；描述了脓病、软化病、僵病的病征和诱发条件，而且提出“惟在谨谋于始，使不为后日之患也”的防病思想。明代的《蚕经》《天工开物》，清代的《蚕桑实际》等对蚕病的描述就更为详尽，并且已经有了关于蚕病传染方面的记载，对于蚕病的认识已达到了相当的深度。

（2）国外学者在蚕病研究方面取得了重大成就。在显微镜（图0-1）问世并建立了微生物这门学科以后，由欧洲人首先开始了蚕病的研究。

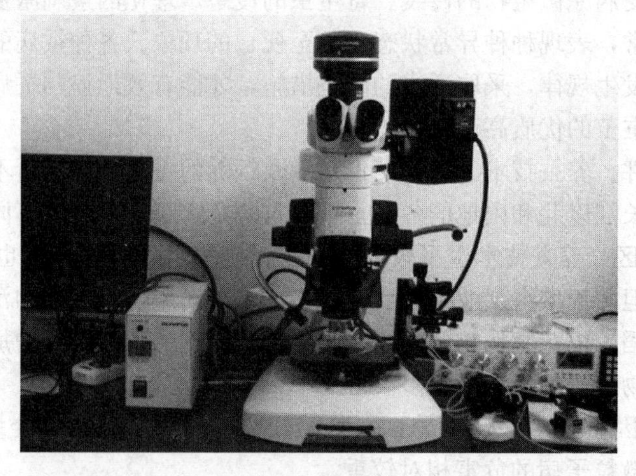

图0-1 显微镜

1834年，意大利人巴锡首先用实验证明了蚕白僵病是由白僵菌寄生在蚕体上引起的；1856年，意大利的梅斯脱利和柯纳利阿又首次发现脓病蚕体内有粒状的多角体，促使诸多学者围绕这种多角体开展了对于脓病病原的一系列研究，至1920年确认此病是病毒性病害；1870年，法国著名微生物学家巴斯德经过5年时间的研究，查明了当时使欧洲的养蚕业濒临毁灭的微粒子病，主要是通过胚种传染而迅速蔓延的，发明了用袋蛾制种和镜检母蛾淘汰病卵来控制病害蔓延的科学方法，这一卓越成果一直被应用至今。

日本对蚕病的研究也开始得比较早。1902年，石渡繁胤从软化病中分离出了猝倒杆菌。1934年，石森直人发现了中肠型脓病，并于1955年由有贺久雄诊断为质型多角体病。1960年，山崎寿发现并开始了对病毒性软化病的一系列研究，1975年清水孝夫发现了小型软化病病毒，并于1976年由渡部仁和川濑茂实等鉴定为家蚕浓核病病毒。此外，在近半个世纪中，日本的许多学者对各类蚕病展开了病原学和组织病理学的一系列研究，特别在病毒生化方面的研究更为深入，对于蚕病防治的科学发展起了推动作用。

**2. 蚕病防治研究的现状** 我国近代蚕病防治科学技术得到了很大发展。1898年才开始应用显微镜检验蚕微粒子病的技术，20世纪二三十年代江苏省蚕桑试验场和南京中央农业实验所蚕桑系分别首次开设蚕病研究课题，开创了我国蚕病防治专业研究的历史。

中华人民共和国成立后，党和政府十分重视蚕业生产，蚕病防治也被列为各地蚕业技术推广部门的重要工作，针对当时蚕病泛滥的局面，组织科技人员深入生产，认真总结推广群众的无病高产养蚕经验，推广了防病措施。在较短的时间内，除广东以外的各重点蚕区，基本消除了微粒子病的危害。在控制僵病方面也取得了很大成绩。在消毒药剂研究中，开发了对病毒杀灭有特效的廉价药物——石灰和以新鲜石灰与其他杀菌剂复配的消毒药物，及用氯霉素、红霉素等抗菌药物防治细菌性病害的办法。此外，还开展了病原特性、发病机制、诱发条件、传染规律、诊断技术、基础理论和防治技术等方面的研究。

## 三、学习蚕病防治技术的目的及方法

**1. 学习目的和意义** 由于家蚕是在密集条件下群体饲养，一旦发病，易迅速传染蔓延，往往会给生产带来重大损失。影响养好蚕的因素，主要是桑叶和饲养管理；而影响养活蚕的因素虽有很多，但蚕病的危害却是主要的。发病轻者，造成蚕茧的歉收和品质下降；发病重者则一无所获，使蚕桑生产面临单产下降、茧质变劣，无法获得好的经济收益，严重地制约着生产的发展。因此，必须学习蚕病防治技术，并应用于生产，才能获得蚕茧的丰收。我国黄淮流域的广大地区，土地资源比较丰富，气候条件适宜，发展养蚕业是农村脱贫致富很好的门路。即便是东桑西移的今天，因养蚕季节性较强，收益较高，仍然受到东部地区蚕农的喜爱。普及蚕病防治科学技术，将会有效地推动蚕业生产的发展。这就是我们学习蚕病防治技术的目的和意义。

**2. 学习方法及要求** 学习蚕病防治技术是为了掌握控制蚕病危害的本领。但因为蚕病的种类较多，引起发病的因素又很复杂，不同蚕病的致病原因又不相同，采取单一的防治方法，显然不可能奏效。只有搞清蚕病的种类，并找出发病的主导因素，才能采取有针对性的防范措施，收到事半功倍之效。因此，要学好这门课程，首先要弄清课程中需要理解和掌握的内容，对于各种致病因素和病理现象，都要深入剖析，找出内在联系，加深理解。其次，实验和实习中要仔细观察和亲自动手完成实验操作，并利用课余时间积极开展一些实验活动，经常深入到实习场所和蚕农家里了解蚕病的危害情况，并采取措施预防蚕病发生，争取有更多机会进行技术操作。

## 任务考核

实地调研本地蚕业生产蚕病发生的基本情况，完成调研报告。

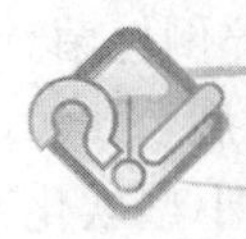

## 思考练习

1. 蚕病的分布主要集中在哪些地区？试向组内的同学简要描述。
2. 学习蚕病防治技术的正确方法是什么？

## 任务拓展

国内蚕病防治技术研究与国外研究的差距在哪里，产生差距的原因是什么？

# 项目一

# 掌握蚕病发生的原因及传染规律

## 项目导学

在养蚕生产过程中，家蚕往往遭受病原微生物和害虫的侵袭，引发蚕病，或家蚕食下被农药和有害气体污染的桑叶，导致发育异常，甚至中毒死亡，造成蚕茧、蚕种歉收和蚕丝质量下降。因此，掌握蚕病的发生、发展和传播流行规律，有效地防治蚕病，是夺取蚕茧和蚕种优质高产的一项重要措施。在本项目学习中，同学们将走进养蚕场，探索家蚕发病的原因与危害状况，掌握家蚕发病的规律，为以后熟练掌握蚕病的识别与防治打下良好的基础。让我们一起开启蚕病预防技术基础知识的大门。

## 任务一　熟悉蚕病的种类及分类方法

### 任务目标

知识目标：熟悉蚕病的种类与名称。

能力目标：掌握蚕病的分类及分类依据。

情感目标：通过对蚕病命名依据的认识，感受中华民族的聪明与智慧，树立学习的信心和决心。

### 任务描述

主要学习蚕病的基础知识，由蚕病的名称与分类依据开始，通过挂图、标本等多媒体信息，使学生对蚕病的名称与分类问题有概要的了解。由于本任务内容理论性较强，学生还需要在以后通过具体的病例继续学习巩固。

### 应知理论

#### 一、蚕病的种类

桑蚕病虫害的种类很多，有按病因（引起蚕病的各种因素）来分的，有按病原（能引起蚕病的各种微生物）来分的，有按病症（患病蚕外部形态、行为上不正常的表现）或病变

（病蚕体内器官、组织，细胞结构上、功能上不正常变化）来分的。总的分类是以传染或寄生的基本概念为基础，把常见蚕病分为传染性蚕病和非传染性蚕病（或寄生性蚕病和非寄生性蚕病）两大类。蚕病的分类及名称如图 1-1 所示。

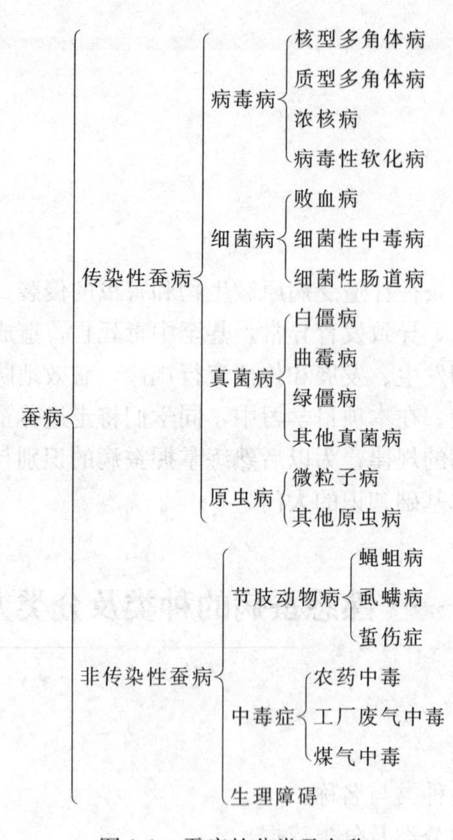


图 1-1 蚕病的分类及名称

## 二、蚕病分类和命名的依据

人们认识蚕病是从病蚕的外观症状开始的，所以早先的蚕病名称一般都是根据病症而定的，如脓病、软化病、硬化病等。这对在蚕农中普及蚕病知识曾发挥了积极作用，至今人们还是习惯按症状命名来称呼蚕病。但是由于病原学研究的发展，人们逐渐发现以病症分类和命名不能反映蚕病的本质，不利于进一步的深入研究。因而学术界采用了前面介绍的现行分类系统，即对传染性蚕病按其病原微生物种群在分类学上的位置，排列成病毒病、细菌病、真菌病、原生动物病的顺序；对非传染性蚕病，则根据其对生产的危害程度，由重到轻排列出顺序组成蚕病分类系统表。更细的分类和命名则比较复杂，如病毒病是完全按照病原的名称，命名为核型多角体病、质型多角体病、病毒性软化病和浓核病；细菌病却仍根据病症分成败血病、细菌性中毒症和细菌性肠道病 3 个种类；真菌病则既有按病原命名的病害如白僵病、曲霉病，又有按病症命名的病害如绿僵病、赤僵病等。非传染性病害基本上是根据致病原因进行分类命名，如昆虫蜇伤症、农药中毒症等（图 1-2）。

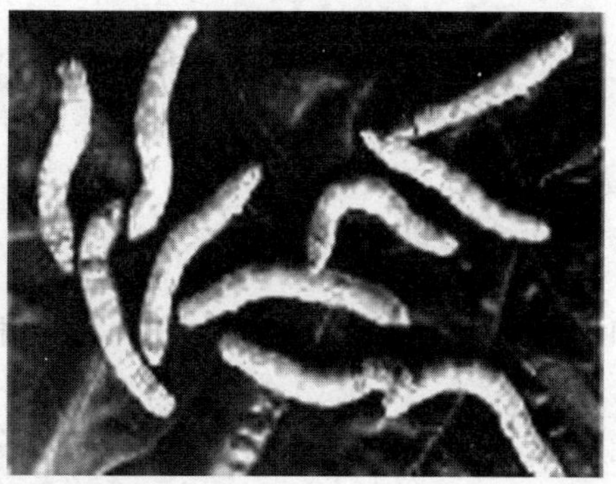

图 1-2　不同类型的病蚕

## 任务考核

卡片式整理归纳。考核评价内容见表 1-1。

**表 1-1　蚕病的种类及分类方法**

| 班级 | | 姓名 | | 学号 | | 日期 | |
|---|---|---|---|---|---|---|---|
| 训练收获 | | | | | | | |
| 实践体会 | | | | | | | |
| 考核评价 | 评定人 | 评语 | | | | 等级 | 签名 |
| | 自我评价 | | | | | | |
| | 同学评价 | | | | | | |
| | 老师评价 | | | | | | |
| | 综合评价 | | | | | | |

## 思考练习

1. 蚕病分类的依据有哪几种？
2. 传染性蚕病和非传染性蚕病哪一类对蚕业生产危害更大？为什么？

## 任务拓展

分类系统中非传染性蚕病中的节肢动物病列出了蝇蛆病、虱螨病和昆虫蜇伤症，你知道还有哪些动物对家蚕会造成危害？

# 任务二　掌握蚕病发生的原因及传染规律

## 任务目标

知识目标：学习蚕病发生的原因，蚕病传染源、蚕病传染的条件，了解蚕病的传染途径。

能力目标：会分析蚕病流行原因及控制蚕病流行的措施。

情感目标：了解蚕病发生原因的复杂性，确立耐心、细心的学习态度。

## 任务描述

蚕病发生传染与病原体（传染源）、蚕体本身的生理状态及环境条件息息相关。围绕这3个主要因素，学习者应熟悉蚕病的传染源有哪些，什么条件下能实现传染，传染的途径有哪几种，进而学会在蚕病流行的不同阶段采取何种针对性措施，有效预防或控制蚕病的蔓延，为后面学习具体蚕病知识打下基础。

## 应知理论

家蚕是完全变态昆虫，在地球上存在多久我们无从考究。大约距今4 500年前，在水草丰茂的成都平原上，有一位美丽、善良的姑娘，出生在西陵国嫘村山一户人家，她就是嫘祖。史书《世本》《大戴礼记》《史记》中都记载黄帝迎娶嫘祖的故事，嫘祖后来发明了养蚕织丝，成为我国养蚕业的始祖。家蚕繁殖能力极强，所以虽然众多生物从地球上消失了，但至今人们还一直在栽桑养蚕。我们通常称蚕为“蚕宝宝”，不仅因其浑身是宝，更因其身体娇贵，易生疾病，需养蚕者细心呵护。同时桑蚕自身对外界恶劣的自然环境仍然具有一定的抵御能力。那么病毒、真菌、细菌等病原的侵害能否一定会使蚕体发病呢？

### 一、蚕病的发生原因

**1. 存在病原**　蚕体发病是由于病毒、细菌、真菌、原生动物及节肢动物等致病因子侵袭之故，这些致病因子也称病原。传染性蚕病的病原，都有特定的侵入蚕体的路线、寄生部位和排出路径，且需要一定量的病原物和破坏力才能使蚕发病。如果没有病毒、细菌等存在，是不会发生传染性蚕病的，一年多次养蚕后，如不消毒或消毒不彻底，往往会发生严重的蚕病，就是因为环境中存在大量病原的缘故。

**2. 饲养环境不良**　病毒、细菌侵入蚕体后，在一定环境下蚕就会发病。科学实验和生产实践证明，饲养环境不良，会削弱蚕的体质，降低蚕的抗病力，从而大大提高对病原的感受性，加重蚕病的发生。

就血液型脓病来说，长期用32℃高温进行催青和饲养比用适宜温度催青和饲养的蚕，两者的抵抗力可相差两万多倍。蚕儿接种僵病孢子后，如遇多湿（90%）环境，僵病发生率在98%以上，一般湿度下只有在60%～70%发生；如果太干燥，僵病发生率很低，甚至不发生。因此，高温多湿适合曲霉菌等真菌的寄生。蚕儿饲养过密，相互间很容易抓伤，而创伤易感染败血病。近几年，大量使用拟除虫菊酯农药、有机氮农药使得蚕中毒较为突出。

**3. 蚕的抗病力较弱**　虽然蚕儿本身对疾病有一定的抵抗力，如体壁的保护作用，气门的防御作用，消化管的防御作用，血液的防御作用，代偿作用等，但是，家蚕对疾病的抵抗力是随着品种、蚕种质量和蚕的发育阶段而不同的，如夏秋用的蚕品种就比春用品种的抗病力强；同一品种中，大蚕比小蚕强，小蚕又比蚁蚕强；而同一龄中，起蚕最弱，盛食期最强。生产中蚕病暴发，往往是抵抗力较弱的蚕儿感染而引起的。

## 二、蚕病的传染规律

传染是指病原微生物从潜藏场所或在寄生的寄主上被一定媒介引入另一寄主体内寄生使其发病的过程。在生产实践中，常常可以看到开始时蚕座中仅有极少数蚕儿生病，最后竟蔓延到整个蚕座中的蚕群造成蚕病暴发的过程，传染过程实际上是病原、寄主（蚕体）、环境三方面因素互相作用的过程，蚕病的传染必须在具备以下全部条件时才能发生和完成。

（1）必须有病原微生物存在，并具有传染媒介将其引进蚕体或使其与寄主接触。

（2）寄主对病原的防御不能妨碍病原侵入蚕体组织建立寄生关系，也不能通过组织代偿抵消病原微生物对其生命活动的干扰。

（3）必须具备完成传染过程所必要的环境条件。

以上三因素关系如图1-3所示。

图1-3中A、B为可能发病区域。A区域：即使蚕体感染病原，仍可能不会发病。B区域：环境因素对蚕病产生促进或抑制作用。病原因素包括病毒等微生物、寄生及动物加害，环境因素包括有害物质、不良饲料、恶劣气象条件、机械创伤等，蚕体因素包括生理状态不良或胚种带毒。其中，环境因素同样间接影响蚕的体质，成为蚕病可能发生、传染的诱因。

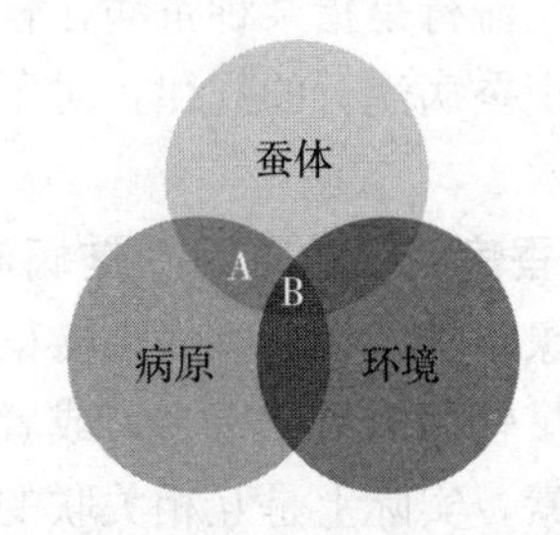


图1-3　影响蚕病发生（传染）的因素

## 三、传　染　源

传染源是指潜藏有大量病原微生物的载体，是发生传染的病原微生物的来源，它包括以下几个方面：

（1）病蚕或患病昆虫的尸体。

（2）病蚕或有病昆虫的脱离物。如卵壳、蜕皮、鳞毛、茧壳。

（3）病蚕或有病昆虫的排泄物、分泌物或渗出物。如蚕粪、消化液、血液、蛾尿等。

（4）病蛾所产的卵。

（5）被病蚕或带毒灰尘所污染的养蚕场所、用具及周围环境。

（6）能滋生可兼营腐生生活的一切场所。如发霉的物品、垃圾堆及蚕室周围和桑园土壤等。

上述各种传染源对于传染蚕病的重要性，因不同蚕病而异。

## 四、传染途径

病原侵入蚕体的方式和所经路线称为传染途径，蚕病的传染途径有经口传染、接触传染、创伤传染、胚种传染 4 种。

**1. 经口传染**（即食下传染） 病原蚕儿经口食下，进入蚕儿肠道，寄生于肠壁细胞或穿过肠壁进入体腔引起发病，是引起蚕病最重要的传染途径。

**2. 接触传染**（即经皮传染） 各种僵病分生孢子落到蚕体表面以后，在一定条件下，即能发芽穿透蚕的体壁，侵入体内，引起传染，所以，接触传染也称经皮传染。除真菌以外的病原微生物不能直接从蚕的体壁侵入蚕体，不存在接触传染。

**3. 创伤传染** 病原微生物通过蚕儿体壁上现成的伤口侵入蚕体引起的传染，多数情况是因蚕群饲养过密，以致蚕腹足相互抓爬或饲养人员操作粗放，造成蚕体创伤，给病原提供了侵入的机会。

**4. 胚种传染**（即经卵传染） 到目前为止，病原体能经卵传染的只有微粒子病一种，微粒子原虫可以通过带病母蛾所产的卵，使蚕儿在孵化前就染有疾病，带入蚕期发病。

各种传染性蚕病的病原都需通过一定的途径进入蚕体才能使蚕传染致病，若传染途径不合适，病原即使进入蚕体，也不会使蚕发病。

## 五、蚕病的流行与预防措施

蚕病流行是指某种蚕病在较大范围内广泛传播，各个蚕群相继发病，形成严重危害的局面。认识蚕病流行的规律，对于预防蚕病流行，减少养蚕生产的发病损失，具有积极的现实意义。

**1. 蚕病流行的原因** 蚕病流行的原因很多，如出现了病原数量多、毒力强的传染源，或者气象条件特别适宜病害传染的情况；又如寄主的抗病性发生了变化，在大面积范围内出现了数量较多的易感寄主；或者由于人的活动为病原的传播提供了便利条件等等。上述各方面的因素，实际上是互相关联的。例如，有的年份雨水偏多，会引起野生昆虫数量的大幅度增长，为病害提供了较多的易感寄主，也促进了某些病原，特别是喜湿的真菌性病原数量的异常增殖，往往促成了真菌性蚕病的流行。

**2. 蚕病的传播方式对于蚕病流行的影响** 蚕病的传播有水平传播和垂直传播两种方式。

（1）水平传播。水平传播是指在同一个蚕期里，病害由这一寄主群体向另一寄主群体传播，或从这一地域向另一地域传播。这类蚕病的病原在蚕体里寄生增殖系数大，每条病毙蚕尸体上的病原量大，因此比较容易扩散，并能借助各种媒介传到很远的地方。这些病原的另一个特点是对自然界的光、热等因素和消毒药剂比较敏感，稳定性差，残留在蚕室及其周围环境里的病原在消毒中很容易失活，很难保留到下一蚕期感染蚕儿，因此是以水平传播为主。

（2）垂直传播。垂直传播指的是在同一空间内从这个蚕期向下一蚕期传播，上一年度向下一年度传播。这类蚕病的病原在自然环境和化学因子的作用下稳定性强，残留在蚕室地面的土层中，用现行的消毒药剂和消毒方法往往不能使其灭活，保留下来便成了下一蚕期对蚕儿进行侵染的传染源。这类病原常常是许多个体被包含或黏合为一体，分散性差，很难借自然力量大量地被传送到远处，因此是以垂直传播为主，常常能造成一些蚕室年年、季季养蚕发病。

显然以水平传播为主的病害容易形成流行的局面，而以垂直传播为主的蚕病在一个地区流行，需要有一个较长的病原积累过程，但一旦形成流行的局面，要消除其危害比较困难。

**3. 预防蚕病流行的措施**　传染性蚕病在蚕群中流行，需要一个发展过程，这一过程可分为 4 个阶段。

（1）流行前期。当环境和寄主都已具备蚕病流行的条件时，及时地传入了毒力较强的病原于是出现了部分蚕儿发病。由于一次传入的病原数量不会很多，感染个体的分布也只能是局部的，但因病原的毒力在和蚕体防御机构的抗争中占有明显的优势，因此，这时发生的蚕病通常都是急性的。

（2）发展期。以被初次侵染的病蚕为传病中心，病害在蚕群中迅速蔓延的时期。这时如能采取措施制止蚕病在蚕群中蔓延，是可以阻止病害流行起来的。

（3）流行期。病害的蔓延未能得到制止，随着病蚕的增多，蚕群中不断出现新的传病中心，蚕病又不断从各个中心向四周蔓延，形成了流行之势，导致了大批蚕儿死亡。这时出现的蚕病一般都表现出典型的症状。

（4）熄灭期。死亡高峰过后，剩下的蚕儿都是群体中抗病力较强的个体，发病趋向缓慢，流行之势也即缓解熄灭。

根据上述蚕病流行的发展过程可知，只要及时消灭蚕群中的传染中心，就可以及早采取有力措施防患于未然。因此认真贯彻蚕期的防病隔离和消毒具有特别重要的意义。同时，消灭野生昆虫，饲养强健抗病的蚕品种，加强饲养管理，增强蚕儿体质也都是制止蚕病流行的重要措施。需要强调的是，不同时间和地点发生的蚕病流行，其产生的主导因素不可能完全相同，有侧重地采取针对性的防治措施将会更为有效。

## 任务考核

理论与实践相结合，多元化评价。考核评价内容见表 1-2。

**表 1-2　掌握蚕病发生的原因及传染规律**

| 班级 | | 姓名 | | 学号 | | 日期 | |
|---|---|---|---|---|---|---|---|
| 训练收获 | | | | | | | |
| 实践体会 | | | | | | | |
| 考核评价 | 评定人 | 评语 | | | | 等级 | 签名 |
| | 自我评价 | | | | | | |
| | 同学评价 | | | | | | |
| | 老师评价 | | | | | | |
| | 综合评价 | | | | | | |

## 思考练习

1. 蚕病发生的原因是什么？

2. 蚕病流行的原因是什么？如何根据流行的阶段性特征采取措施？

3. 蚕病的传染途径有哪些？

4. 什么是蚕病的水平传播和垂直传播？

## 任务拓展

1. 传染源与传染原有什么区别？

2. 调查本地蚕区（蚕种场）典型发病案例，从病原、蚕体、环境 3 个方面阐述原因。

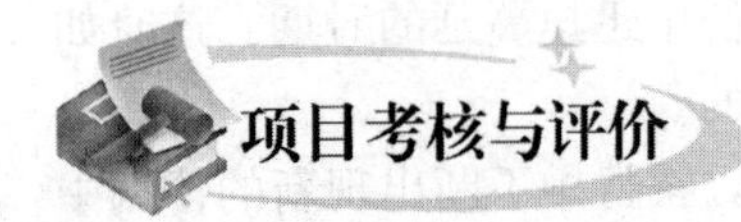

## 项目考核与评价

本项目考核内容：

1. 理解蚕病发生的依据和方法，可安排学生进行讨论、归纳。

2. 理解蚕病的发生原因及发生规律。

考核方式主要以参与项目任务的学习实践成效来评价，突出项目任务实践活动的方案、过程、作品及总结等，兼顾学习态度、知识掌握、团队合作、职业习惯等方面进行综合评价。坚持评价主体的多元化，通过自我评价、同学互评、教师评价及师傅评价等方式评定学习成绩。评价结果分为优秀、良好、合格、不合格 4 个等次，不合格者不计入项目学习成绩，要重新学习实践，确定通过评价取得合格以上成绩（表 1-3）。

**表 1-3　项目考核方法与评价标准**

| 项目名称 | 掌握蚕病发生的原因及传染规律 | | | | | | | | | | | | |
|---|---|---|---|---|---|---|---|---|---|---|---|---|---|
| 评价项目 | 考核评价内容 | 自评 | | | 互评 | | | 师评 | | | 总评 | | |
| | | 优秀 | 良好 | 合格 | 优秀 | 良好 | 合格 | 优秀 | 良好 | 合格 | 优秀 | 良好 | 合格 |
| 学习态度（20 分） | 评价学习主动性、学习目标、过程参与度 | | | | | | | | | | | | |
| 知识掌握（20 分） | 评价各知识点理解、掌握以及应用程度 | | | | | | | | | | | | |
| 团队合作（10 分） | 评价合作学习、合作工作意识 | | | | | | | | | | | | |
| 职业习惯（10 分） | 评价任务接受与实施所呈现的职业素养 | | | | | | | | | | | | |
| 实践成效（40 分） | 评价实践活动的方案、过程、作品和总结 | | | | | | | | | | | | |
| | 综合评价 | | | | | | | | | | | | |
| 改进建议 | | | | | | | | | | | | | |

## 项目小结

在本项目中，我们初步了解了蚕病的种类，分析了家蚕发病的原因与蚕病危害状况，掌握了蚕病的传染途径、传染规律，学会了根据蚕病的流行特征，针对性地分析预防处理措施，具备了一定的基础。后面我们还要学习如何识别蚕病和进行防治等具体的蚕病知识和技能，让我们共同期待。

# 项目二

# 病毒病识别和防治

## 项目导学

家蚕的病毒病是发生最普遍、传染性强、对生产危害最重的一类蚕病。夏秋蚕期常常在局部地区形成暴发之势，对生产构成严重威胁。家蚕病毒病是养蚕生产中的一大难题，在生产中的发生病因很复杂，要绝对做到没有病毒传染也是不现实的。如何面对养蚕生产中这一棘手的难题？首先我们要会识别家蚕病毒病的症状，再逐步掌握病毒病蚕的诊断技术、发病规律和生产中常用的病毒病预防措施。

## 任务一　识别病毒病

### 任务目标

知识目标：掌握病毒病蚕的群体症状，熟悉病毒病的病原。

能力目标：掌握不同病毒病蚕的特征、病状和各种病毒病的病变情况。

情感目标：了解病毒病在蚕业生产中危害的严重性，提高学生学习动力。

### 任务描述

病毒病是家蚕易感染的最常见的一类蚕病，通常有4种，即核型多角体病、质型多角体病、浓核病和病毒性软化病。除浓核病和病毒性软化病毒不形成多角体外，其余两种病毒病均能形成多角体。本任务要求初学者掌握病毒病蚕的群体、个体症状，熟悉各类病毒病蚕的病变、病程等特点，并通过蚕体病变情况以及病原等应知理论的学习，为诊断病毒病打下基础。

### 应知理论

人们都知道，细菌很小，小到一个细胞就是一个生物体，而病毒比细菌还小，还简单，简单得连细胞结构也没有，小得连一般的光学显微镜也看不到，必须通过电子显微镜才能观察到。但它是自然界基本的生命现象，能借助宿主细胞进行繁殖，虽不稳定，但遍布自然界，家蚕病毒病常会在局部地区形成暴发之势，是蚕业生产中危害最严重的一类蚕病。

## 一、核型多角体病（血液型脓病）

**1. 病症**　蚕儿在患核型多角体病后，一般都表现为狂躁乱爬、体躯肿胀、体色乳白、体壁易破等主要症状。蚕儿由于感染病毒的时期和数量不同，发病症状也不同，主要有以下几种：

（1）不眠蚕。发生于各龄催眠期，在群体中大多数蚕儿将行入眠时，脓病蚕体壁紧张发亮，呈乳白色，不食桑叶，爬行不止，久久不眠，最后体躯肿胀破裂，流出脓汁而死，死后尸体灰黑而腐烂（图 2-1）。

（2）起缩蚕。也称起节蚕，在各龄起蚕发病，病蚕生长停滞，体色乳白而不见转青，体壁松弛多皱，体躯缩小，前节的节间膜向后节套叠，最终出现典型的病症而死，但易与细菌性肠道病的起缩症状混淆（图 2-2）。

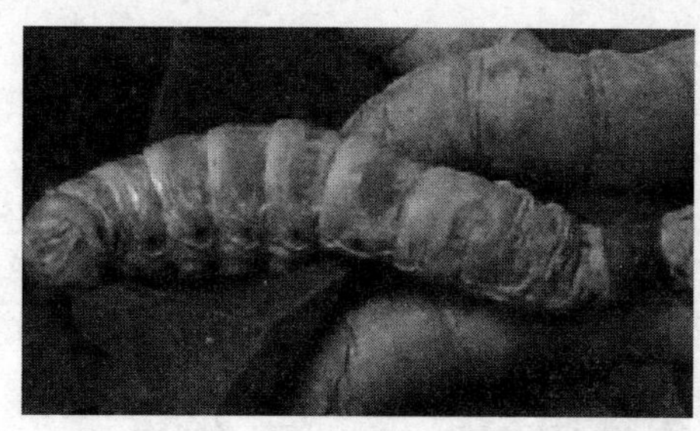

图 2-1　不眠蚕

图 2-2　起缩蚕

（3）高节蚕。在 4～5 龄盛食期发病，病蚕各体节间膜或各体节后半部隆起，形如竹节，隆起部位和腹足均呈明显的乳白色，有时气门附近也有深浅不匀的乳白色斑块，病情严重时同样是停止食桑，急躁爬行，流脓而死（图 2-3）。

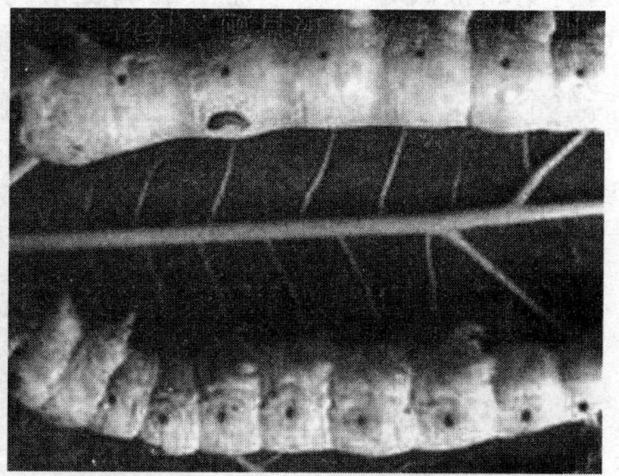

图 2-3　高节蚕

（4）脓蚕。发生于 5 龄后期至上蔟前，体节中央肿胀拱起，形如算盘珠状，体壁紧张发亮、体色乳白，身体异常膨大，病重时爬行缓慢，终因腹足失去把持力，从蚕匾或蔟中坠下，流脓而死，发病迟的死于蔟中或结薄皮茧而死亡（图 2-4）。

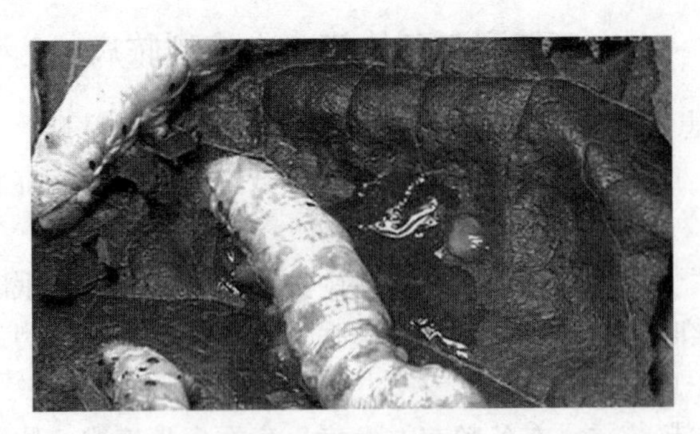

图 2-4 脓 蚕

（5）斑蚕。发生在 3～5 龄，在病蚕体上同时显现对称性病斑，还有在老熟时腹部的背面两侧出现对称性黑褐色大块病斑的斑脓蚕（图 2-5）。

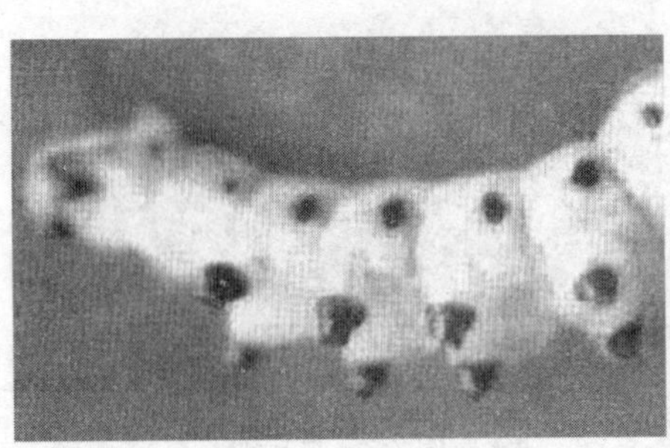

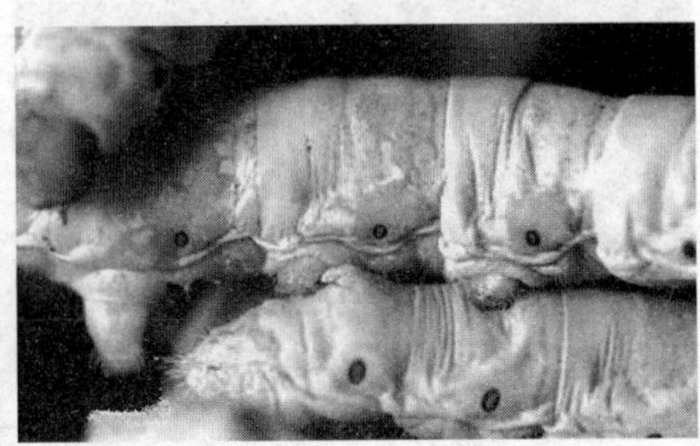

图 2-5 斑 蚕

（6）蚕蛹的病症。5 龄后期感染，有部分能营茧化蛹，病蛹体色暗褐，体壁易破，一经振动即流出脓汁而造成茧层污染（图 2-6）。

**2. 病变** 蚕儿发生核型多角体病后，随着病势发展，血液、体壁、脂肪及气管组织等相继引起病变而被破坏，其中血液的病变最为显著，是判别核型多角体病的重要标志。

在显微镜下，检查被寄生的组织，可以看到组织的细胞核由于被多角体充实而膨大破裂，最后整个细胞全部被毁的现象；蚕儿的血液在血球细胞被破坏的基础上，由于混入了很

图 2-6 蚕蛹的病症

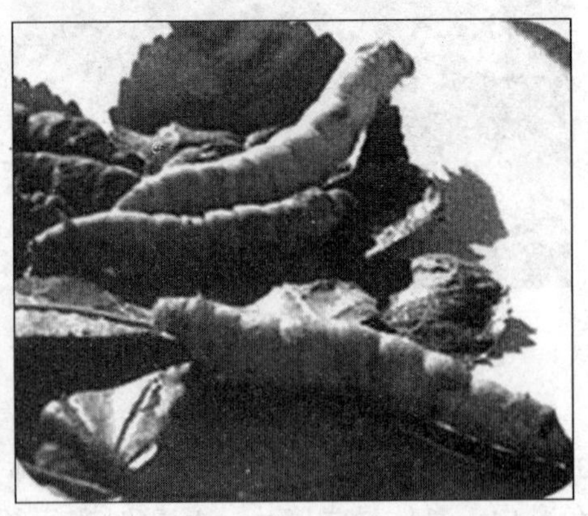

图 2-7 蚕的病变

多的多角体和脂肪球以及破碎的其他组织等，致使血液变成乳白色，妨碍了正常的血液循环（图 2-7）。

**3. 病原**　核型多角体病的病原是一种寄生在蚕体组织细胞的核并在核内产生六角形多角体的病毒，故又称核型多角体病毒（NPV）（图 2-8）。

核型多角体

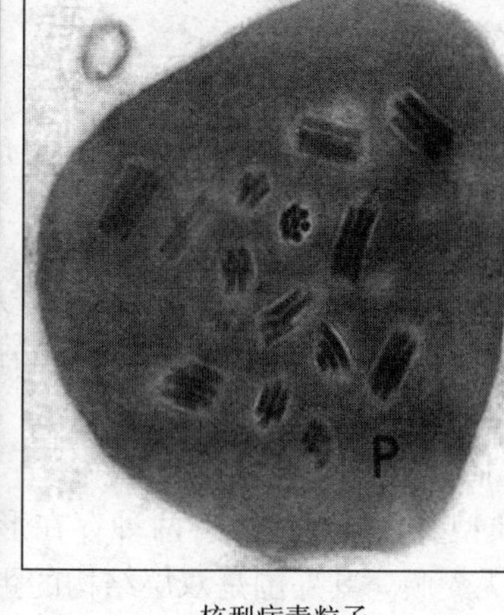


核型病毒粒子

图 2-8　核型多角体及其病毒粒子

病毒粒子呈杆状，大小为 330nm×80nm，由蛋白质及脂质组成的套膜包裹着核衣壳构成。病毒是一种非细胞状态的原始生命形式，其活性部分是作为髓核的核酸，具有感染性。多角体是一种内含病毒、外包蛋白质结晶的特异性产物，不溶于水、有机溶剂，但能在碱性溶液中溶解，释放出大量病毒。多角体态病毒比游离态病毒的抗逆性要强得多，如用 70% 的酒精消毒游离态病毒，接触 5min 即可杀死，而多角体病毒要经 3h 才能杀死。常用消毒剂如漂白粉、石灰浆等对游离态病毒和多角体病毒都有很强的杀灭力。

## 二、质型多角体病（中肠型脓病）

**1. 病症**　蚕儿感染质型多角体病后，随着病势的发展，食桑减少，行动呆滞，渐渐停止食桑，一般都呈空头症状，即胸部空虚。较健蚕小，与腹部开差不大，体色失去青白，而呈灰白色，壮蚕随着病情加重逐渐出现空头、起缩、下痢、吐液等症状，在第六腹节及其前数个体节的背面透视呈黄白色或白色。

体壁显著“白化”。5 龄后期出现部分尖蚕，其腹部 6～8 节处肿胀并呈陶土色，胸部和尾部则萎缩，形成蚕体中间粗两端细的状态。尖蚕常常潜伏于残桑中，头胸低俯，呆伏不动，排白色、绿色或白绿相间的黏粪，尾部经常有黏的稀粪，粪中有大量的质型多角体和游离病毒，污染蚕座，造成严重的蚕座感染。质型多角体病属慢性传染病，一般 1 龄感染的在 2～3 龄发病；2 龄感染的在 3～4 龄发病；3 龄感染的在 4～5 龄发病；4 龄感染的到 5 龄发病，病症表现后，都能延续一段时间，再慢慢死去（图 2-9）。

**2. 病变**　质型多角体病蚕的病变，仅在它的中肠部分，血液无任何变化，病毒在中肠组织细胞核内繁殖，在细胞质内形成多角体。病变的中肠组织，由后部的圆筒形细胞开始逐渐向前扩展，故中肠后部先变成乳白色，出现乳白色横纹褶皱，随着病势的发展，变白部分

图 2-9 质型多角体病蚕的病症

逐渐向前推移，甚至到达整个中肠。

随着病情加重，中肠组织细胞中形成的多角体越来越多，胀破细胞，多角体就散落到肠腔中，并混入蚕粪中，排出体外。所以，此病排出蚕粪，常变成白色或乳白色，由于感染病毒到发病死亡时间较长，若不及时拣除病蚕，它排出的蚕粪中含有大量病毒，就会使健康蚕不断受到感染（图 2-10）。

**3. 病原** 质型多角体病毒也有两种存在形态，即游离态和多角体态。病毒呈球形，直径 60～70nm，无囊膜，其外围是双层结构的蛋白质衣壳，其核酸是双链的核糖核酸（dsRNA）。衣壳是由六角形组成的正 20 面体。质型多角体在寄主细胞质内形成。一般为六角形的正 20 面体。还有一种为正方形的 6 面体，其大小因形状、寄生部位、在寄主细胞内发育时间长短及养蚕温度而异。在寄主中肠后部形成的多角体比中肠前部形成的多角体大，高温下形成的多角体小，低温下形成的多角体大，不同细胞内形成的多角体和同一细胞内的发育程度不同的多角体大小也不相同。其直径为 0.5～10$\mu$m，平均 2.62$\mu$m。在显微镜下检查时视野中偶尔还可以看到三角形的多角体（图 2-11）。

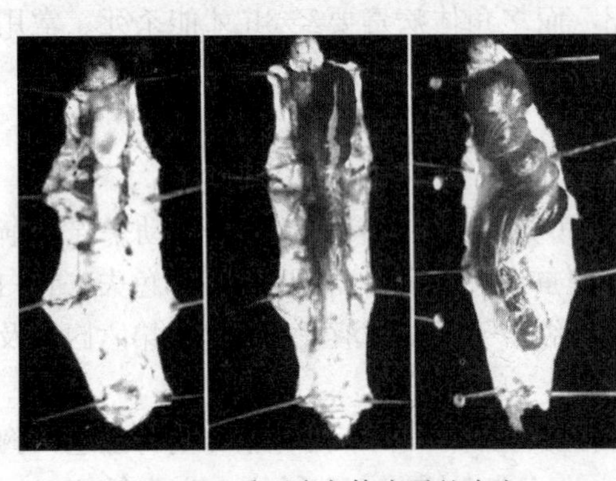

图 2-10 质型多角体病蚕的病变

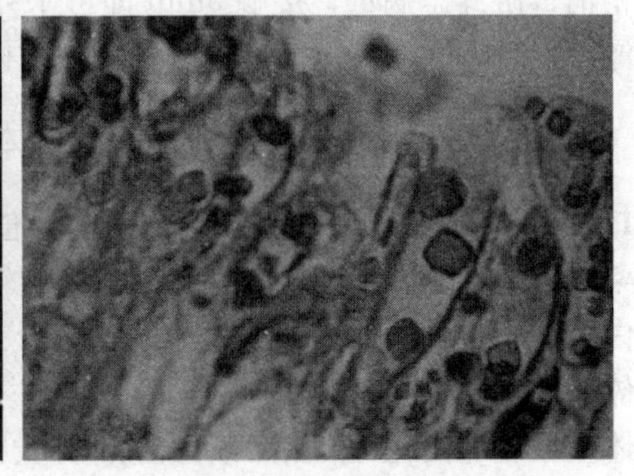

图 2-11 质型多角体病蚕的中肠细胞质中的多角体

## 三、浓 核 病

**1. 病症** 患病蚕外部症状比较单一，以空头症状居多，发病初期仅见蚕儿食桑减少，蚕群发育不齐，出现较多发育不良的弱小蚕，以后弱小蚕停止食桑，胸部稍膨大，失去原有的青白色而呈半透明，带暗红色，渐次全身透明；在光源前观察，可透视到蚕体气门附近的黑色气管丛。重病蚕停止食桑，爬向蚕座四周，头胸昂举，酷似熟蚕，但其体内空虚，无发达的绢丝腺，尾部常被稀粪污染。撕开体壁，可见消化管内几乎没有食下桑叶碎片，而只是充满半透明的消化液（图 2-12）。

图 2-12　浓核病蚕的病症

**2. 病变**　本病毒只寄生在蚕的中肠圆筒形细胞的细胞核内，病毒粒子侵入后，吸附在中肠圆筒形细胞上，然后进入细胞核内增殖，使病蚕围食膜消失，圆筒形细胞核极度扩大并呈块，核染色质呈集块状变性，随病势发展，被害的圆筒形细胞脱落在中肠肠腔内，并随粪排出。圆筒形细胞日渐减少，不能消化吸收营养物质，蚕儿一直处于饥饿状态，故病程较长（图 2-13）。

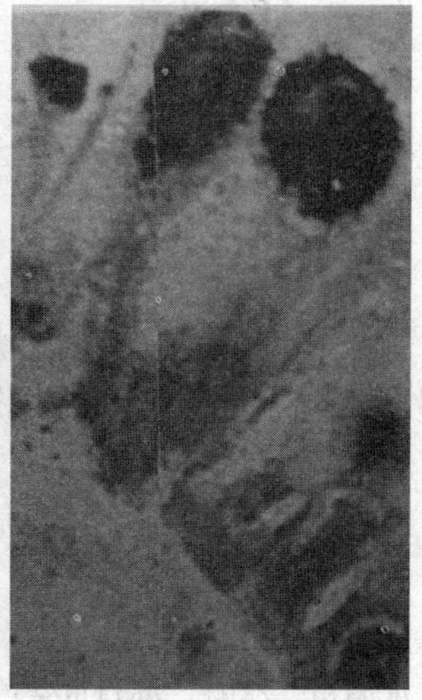

图 2-13　浓核病蚕的病变

**3. 病原**　浓核病毒（DNV），病毒粒子球状，直径 20nm 左右，是迄今发现最小的一类病毒，无外膜而裸露，只寄生在中肠圆筒形细胞的核内，不形成多角体。DNV 的稳定性较弱，在水中经 147d 感染力即下降。在自然条件下经半年、在土中经一年即失活。但残留在土中的 DNV，消毒的难度大。病毒在 5cm 深的土中每平方米要用 14.4L 2%的甲醛溶液才能消毒彻底。

## 四、病毒性软化病

**1. 病症** 病毒性软化病春蚕期发生极少，主要在夏秋季危害。因发病时间不同，经常表现为胸部空虚、起缩症状。表现胸部空虚症状的病蚕和浓核病的病症基本一样，但发病后多少还能吃一点桑叶，所以不像浓核病蚕那样整个胸部都呈半透明状态。

病蚕多在蚕座内毙死，一般没有浓核病蚕头胸昂举的状况。另外病蚕下痢比较明显，稀粪中含水量多，往往污染肛门，蚕农常称之为“烂屁股病”。多数病蚕毙死前还有口吐肠液、体躯缩小的症状。

起缩蚕发生于饷食后 1～2d 内，特别是 5 龄起蚕较多，和质型多角体病的起缩蚕病症基本相同，但排黄褐至黑褐色稀粪或污液（粪中央无白色），最后萎缩而死。

总之，病毒性软化病的症状与浓核病相似，外观上无特异性病症，很难与浓核病区别，所不同的是，在蚕品种之间的感染性不同，对于浓核病毒有感染品种与完全不感染品种之分，而软化病毒蚕品种之间只是感受性有差异，而没有完全不感受的品种。

**2. 病变** 病毒性软化病病毒专一地侵染中肠上皮组织，主要感染杯形细胞，在其细胞质中增殖。感染细胞逐渐萎缩，最后退化为球状体，落入肠腔或被周围的圆筒形细胞包围吸收。病毒性软化病的病变也主要在消化管中，消化管的管壁松弛，失去弹性，胃液的碱性程度显著下降，内容物液化，由于它不形成多角体，所以肠壁不会变白，而是透明的黄绿色。

**3. 病原** 病毒性软化病病毒主要寄生在中肠杯形细胞内，但在体内繁殖过程中不形成多角体，由于中肠杯形细胞具有分泌强碱性消化液的机能，被寄生后中肠细胞退化崩溃，使消化液碱性下降，失去消化液既分解桑叶又灭菌的功能，肠道内细菌大量繁殖，细菌、病毒共同作用而使蚕发病，病势加重，病程缩短。

# 实践一　观察核型多角体病的病症、病变

## 一、实践目的

通过本病的主要病症和病变（血液、气管、真皮、脂肪组织等）等观察，掌握肉眼诊断和显微镜检查的基本方法和技能。

## 二、实践场所与材料

**1. 地点** 蚕病实验室。

**2. 材料工具** 显微镜（附油镜）、解剖器（全套）、载玻片、盖玻片、酒精灯、二重皿；无水酒精、乙醚、苏丹Ⅲ染色剂、70%酒精、1mol/L NaOH（或 0.5%$Na_2CO_3$、0.5%$K_2CO_3$）溶液。病蚕（活体或浸渍标本）。

## 三、实践方法与步骤

**1. 材料准备**　家蚕核型多角体病属于亚急性病，4～5 龄蚕自病毒感染至发病死亡 4～6d。学生实践前教师穿刺接种 4 龄后期、5 龄初期健蚕，饲养核型多角体病蚕，把握发病进程，待其发病后使用，做到健蚕、发病初期及典型症状显现期病蚕形成较明显的对比，以免影响观察效果。

**2. 病症观察**　观察病症时，将学生分成若干组，各组分别准备健康蚕与病蚕各 100 头，肉眼观察病蚕的体形、体色、行动、病斑、粪便、吐液等症状，将观察到的结果记入表 2-1 中，初步总结出核型多角体蚕病的典型症状和鉴别方法。

表 2-1　核型多角体病症记录

| 体形 | 体色 | 食欲 | 排粪 |
| --- | --- | --- | --- |
| | | | |
| 行动 | 群体开差 | 蚕座洁净度 | 其他特性 |
| | | | |

组内形成统一意见后，教师对各组记录的症状进行评比总结。结论主要有以下几点：①病蚕初期症状不明显。随着病势的发展，逐渐显现出体躯肿胀，体色乳白，体壁易破，狂躁乱爬的群体症状。②除群体症状外还出现个体症状，如不眠蚕（眠前）、起缩蚕（起蚕）、高节蚕（盛食期）、脓蚕（5 龄后期）、斑脓蚕（3～5 龄偶发）。

**3. 病变观察**　肉眼观察时，取患病蚕与健康蚕，用解剖剪剪去尾角，血液滴到载玻片上，对比观察血色；轻轻挤压病蚕尾部，观察粪便颜色、形状；观察消化管及内容物，试找到病变部位；观察体壁、丝腺表面病变。

显微镜观察时，主要观察病蚕血液、气管、真皮、脂肪组织的细胞病变情况。由于核型多角体病毒定位于被感染的器官组织细胞核中形成多角体，因此感染后的细胞膨大破裂，多角体、细胞、病毒游离于血液中。

（1）观察气管。观察时取最前端细气管，在 600 倍显微镜下检查，可见到气管的皮膜细胞充满着多角体并膨大，甚至破裂，病重时只剩下外裸的几丁质螺旋丝线。

（2）观察脂肪组织。脂肪组织的病变也要在显微镜下观察，病蚕脂肪组织细胞核因核多角体不断增大增多致使细胞破裂，破裂的细胞、脂肪球、多角体及病毒都混入血液中，血液呈乳白色。

你能确认看到的是多角体还是脂肪球吗？

根据观察到的现象填写表 2-2。

表 2-2　核型多角体病病变记录

| 项　目 | 特征描述 |
| --- | --- |
| 血液 | |
| 粪便 | |
| 体壁 | |
| 消化管 | |
| 肠道内容物 | |
| 丝腺 | |

**4. 病原观察**　取病蚕血液，然后加盖玻片，用 600 倍显微镜观察病毒多角体情况。一般核多角体多为比较整齐的六角形，偶有四角形、三角形，大小为 2～6$\mu$m，平均为 3.2$\mu$m。多角体具有较强的折光性，密度为 1.26～1.28g/cm$^3$，常沉于临时标本的下层。多角体不溶于水、酒精、二甲苯，易溶于碱性溶液，如 0.5%的 $Na_2CO_3$ 或 0.5% 的 $K_2CO_3$。将以上观察情况详细记录下来。

## 四、实践注意事项

1. 观察核型多角体病蚕时，要注意利用病蚕群体症状与个体症状相互印证。

2. 脂肪球、多角体及病毒都混入核型多角体病蚕的血液中，注意分辨多角体和脂肪球。

## 五、实践小结

1. 绘出核型多角体病蚕形态图。

2. 简要说明核型多角体病的主要病症和病变。

# 实践二　观察质型多角体病和浓核病的病症、病变

## 一、实践目的

通过对质型多角体病（即中肠型脓病）和浓核病病症和病变观察，掌握这两种蚕病的诊断方法。

## 二、实践场所与材料

**1. 地点**　蚕病实验室。

**2. 材料工具**　显微镜、解剖器（全套）、载玻片、盖玻片、酒精灯、吸管。病蚕（活体或浸渍材料）。

## 三、实践方法与步骤

**1. 观察质型多角体病的病症、病变**

（1）材料准备。家蚕质型多角体病属于典型的慢性病，4～5 龄蚕自病毒感染至发病死

亡 6～10d 甚至更迟。穿刺接种 4～5 龄蚕待其发病后使用，做到健蚕、发病初期及典型症状显现期病蚕形成较明显的对比，以免影响观察效果。

（2）病症观察。观察病症时，将学生分成若干组，各组分别准备健康蚕与病蚕各 100 头，肉眼观察病蚕的体形、体色、行动、病斑、粪便、吐液等症状，将观察到的结果记入表 2-3 中，初步总结出质型多角体蚕病的典型症状和鉴别方法。

**表 2-3　质型多角体病病症记录**

| 体形 | 体色 | 食欲 | 排粪 |
| --- | --- | --- | --- |
| | | | |
| 行动 | 群体开差 | 蚕座洁净度 | 其他特性 |
| | | | |

组内形成统一意见后，教师对各组记录的症状进行评比总结。结论主要有以下几点：质型多角体病病程长，一般 1 龄感染，2～3 龄发病，2 龄感染，3～4 龄发病，3 龄感染，4～5 龄发病；群体发育大小相差悬殊，有排便异常，体形瘦小，呆伏不动，空胸，下痢，起缩，尖蚕等，严重时排乳白色粪便。

（3）病变观察。肉眼观察时，取患病蚕与健康蚕，置蜡盘中解剖，取出中肠，用肉眼仔细观察，可见中肠与后肠交界处有乳白色横纹，随着病势发展，横纹向前扩展，遍及整个中肠。之后再用 600 倍显微镜观察中肠乳白色部分，可见大量多角体存在。

**2. 观察浓核病的病症、病变**

（1）材料准备。家蚕浓核病也是典型的慢性病，比质型多角体病病程更长。穿刺接种 3～4龄蚕待其发病后使用，做到健康蚕、发病蚕之间形成较明显的对比。

（2）病症观察。观察病症时，将学生分成若干组，各组分别准备健康蚕与病蚕各 100 头，肉眼观察病蚕的体形、体色、行动、病斑、粪便等症状，将观察到的结果记入表 2-4 中，初步总结出浓核病的典型症状和鉴别方法。

**表 2-4　浓核病病症记录**

| 体形 | 体色 | 食欲 | 排粪 |
| --- | --- | --- | --- |
| | | | |
| 行动 | 群体开差 | 蚕座洁净度 | 其他特性 |
| | | | |

组内形成统一意见后，教师对各组记录的症状进行评比总结。结论主要有以下几点：①浓核病病程长，主要病症有起缩和空胸两种，各龄饷食后1～2d内出现起缩症状，病蚕食桑少甚至完全停止，排黄褐色稀粪或污液，萎缩而死。②在各龄盛食期发病常胸部膨大，头胸昂举，半透明，微带暗红色，渐次全身呈半透明，排稀粪或污液，死亡前吐液，尸体软化腐烂。③取事先人工培养的病蚕材料，从食欲、体形、体色、排泄等方面仔细观察，除实践时间观察外，还应利用课外时间进行全面观察，将结果记入实践小结。

（3）病变观察。观察时先用解剖器将病蚕中肠取出，可见中肠的内容物空虚，极少桑叶碎片，充满着黄褐色液体，然后将肠液在600倍显微镜下检查发现有大量细菌（大量的双球菌和少量的杆菌）。观察时需注意与质型多角体病蚕的区别，浓核病病原主要感染中肠肠壁细胞，不形成多角体，所以病变在中肠。有条件的地方可以借助电子显微镜观察。

根据观察到的现象填写表2-5。

表2-5　浓核病病变记录

| 项　目 | 特征描述 |
|---|---|
| 血液 | |
| 粪便 | |
| 体壁 | |
| 消化管 | |
| 肠道内容物 | |
| 丝腺 | |

## 四、实践注意事项

1. 观察质型多角体病毒时要在教师指导下完成判断质型多角体病蚕发病个体的镜检过程，保证正确率与观察效果。

2. 观察浓核病病蚕时，要注意观察与质型多角体病的差异。

## 五、实践小结

1. 简要说明中肠型脓病和浓核病的病症及病变。

2. 绘出中肠型脓病和浓核病的病蚕及中肠的形态图，并说明其主要区别。

# 实践三　观察核型、质型多角体形态及两种病毒病的区别

## 一、实践目的

通过对核型多角体病、质型多角体病病蚕的血液、中肠等观察，掌握这两种病毒病的鉴别方法和技能，为正确诊断打好基础。

## 二、实践场所与材料

**1. 地点**　蚕病实验室。

**2. 材料工具**　显微镜、解剖器（全套）、载玻片、盖玻片、酒精灯、吸管；酒精乙醚混合液（溶解法中用到）、苏丹Ⅲ染色液、次甲基蓝染色液、1mol/L HCL、0.5% $Na_2CO_3$或$K_2CO_3$，核型、质型多角体病蚕活体。

## 三、实践方法与步骤

**1. 血液比较**

（1）记录。各组分别取两种病毒病蚕的血液，制成临时标本，置600倍显微镜下观察，把观察到的现象记下来。

（2）鉴别。核型多角体病蚕血液混浊，有大量多角体和脂肪球存在，各组同学按以下的方法进行试验：

①染色法：首先配制好苏丹染色液，取苏丹Ⅲ0.5g加于100mL95%酒精中，呈饱和状态，再加入少量甘油过滤备用。然后取少量病蚕血液制成涂片，阴干后滴少许苏丹Ⅲ染色液，经5min，水洗盖上盖玻片镜检。视野中看见红色或橙色的圆球状即为脂肪体，不着色是多角体。

②溶解法：将酒精乙醚混合液少许滴于事先做好的病蚕血液涂片上，待混合液蒸发后，再加蒸馏水一滴，盖上盖玻片，然后镜检，凡是脂肪球即被溶解消失，而多角体不溶解。

**2. 中肠比较**　分别剖取2种病毒蚕的中肠，先肉眼观察中肠的外形，核型多角体病蚕中肠深绿色；质型多角体病蚕中肠后部有乳白色横纹，不透明。

用镊子钳取一小块肠壁，放载玻片上，研磨后，盖上盖玻片，置600倍显微镜下观察，质型多角体病蚕的中肠可见到大量多角体，核型多角体病蚕中肠则没有多角体。

与饥饿颗粒的区别：需要注意的是，有时蚕在饥饿状态下，中肠肠壁细胞中，也可见到小型颗粒，称饥饿颗粒，其与多角体难以区别，可加入1mol/L浓度HCl一滴，消失的为饥饿颗粒。

**3. 核型多角体与质型多角体的鉴别**　一般不易混淆，因为核型多角体在血液及体壁细胞中均有，唯独中肠肠壁细胞中没有，而质型多角体只存在于中肠肠壁细胞中，其他组织中没有。在显微镜下观察时，核型多角体（NPB）大小比较均匀，质型多角体（CPB）则大小开差大。用次甲基蓝液加温染色，CPB染成蓝色，NPB较难染色（新鲜活体标本比较清楚。如用福尔马林浸渍标本，两者都很难着色）。

## 四、实践注意事项

1. 本实践操作性较强，同学们应根据操作规程操作。
2. 仔细认真，确保制作涂片能体现实验效果。

## 五、实践小结

1. 绘制NPB和CPB在显微镜下观察到的形态图。
2. 复习并填写4种病毒病比较如表2-6。

表 2-6　家蚕病毒病比较

| 项目 \ 病名 | | 核型多角体病 | 质型多角体病 | 浓核病 | 病毒性软化病 |
|---|---|---|---|---|---|
| 病症 | | | | | |
| 病变 | 体液 | | | | |
| | 中肠 | | | | |
| | 血液 | | | | |
| 病程 | | | | | |
| 病毒 | 形状大小 | | | | |
| | 寄生部位 | | | | |
| 多角体 | 形状 | | | | |
| | 大小 | | | | |
| 传染途径 | | | | | |
| 诊断 | | | | | |

# 实践四　病毒病感染试验

## 一、实践目的

通过病原的穿刺和添食，进一步观察病毒病的发病情况，掌握穿刺、添食的基本技术要求。

## 二、实践场所与材料

**1. 地点**　蚕病实验室。

**2. 材料工具**　二重皿、酒精灯、接种针，0.5% $Na_2CO_3$ 或 $K_2CO_3$，蒸馏水，核型多角体病蚕或新鲜血液或质型多角体病蚕，鲜桑叶，3～4 龄起蚕。

## 三、实践方法与步骤

**1. 添食接种**　取一定浓度的核型多角体病毒液，盛于清洁无毒的二重皿中，将新鲜桑叶放入浸湿后，给 3 龄起蚕添食，然后用饭盒饲养到发病为止。

**2. 穿刺接种**　先将接种针在火焰上灭菌，再以针尖蘸取事先用 0.5% $Na_2CO_3$ 或 $K_2CO_3$ 处理过的病蚕脓汁，从 4 龄蚕儿腹部侧面节间膜处平刺入皮肤，刺时要轻，避免过多流血。

## 四、实践注意事项

1. 每组每人试验 10～20 头蚕为宜。

2. 分组时可由两组提前做质型多角体病毒穿刺接种，控制时间跨度，也可利用课余时间请同学到实验室观察。

## 五、实践小结

将接种调查情况填入表2-7。

表2-7　家蚕病毒病接种发病情况调查

| 组别＼试验情况 | 血液型脓病（质型多角体病） | | | |
|---|---|---|---|---|
| | 供试头数 | 发病头数 | 发病率（%） | 备注 |
| 第1组 | | | | |
| 第2组 | | | | |
| 第3组 | | | | |
| 第4组 | | | | |

## 应会技能

1. 能正确识别几种家蚕病毒病的典型群体症状、个体症状。
2. 能正确诊断实验室中家蚕病毒病感染案例，为生产上正确诊断奠定基础。
3. 能用正确的方法观察病毒病的病原，识别病原。
4. 掌握家蚕病毒病穿刺接种技术。

## 任务考核

理论与实践相结合，多元化评价。考核评价内容见表2-8。

表2-8　识别病毒病

| 班级 | | 姓名 | | 学号 | | 日期 | |
|---|---|---|---|---|---|---|---|
| 训练收获 | | | | | | | |
| 实践体会 | | | | | | | |
| 考核评价 | 评定人 | 评语 | | | | 等级 | 签名 |
| | 自我评价 | | | | | | |
| | 同学评价 | | | | | | |
| | 老师评价 | | | | | | |
| | 综合评价 | | | | | | |

## 思考练习

1. 为什么核型多角体病蚕发病时到处乱爬，而质型多角体病蚕呆伏不动？

2. 几种病毒病蚕的症状有哪些？

3. 试比较家蚕几种病毒病病原的区别。

## 任务拓展

通过对几种常见家蚕病毒病的对比分析，谈谈自己的感受。

# 任务二 掌握病毒病的发生规律

## 任务目标

知识目标：熟悉家蚕病毒病的传染源，掌握病毒病的两种传染途径。

能力目标：掌握病毒病的发病规律。

情感目标：了解蚕病发生规律的复杂性，增强同学们的学习动力。

## 任务描述

本任务从生产角度要求学习者熟悉病毒病的传染来源、传染途径，重点掌握病毒病的发病规律，为针对性防治病毒病打下基础。

## 应知理论

病毒病时有发生，特别是夏秋蚕期，多因消毒不彻底和饲养技术处理粗放及叶质、温湿度等不良条件的刺激，常有局部暴发的事例，以核型多角体病及质型多角体病为主的病毒病，是影响夏秋蚕稳产、高产的主要原因。为此，必须掌握其发病规律，认真防治，有效地控制它的发生和蔓延。

### 一、传 染 源

核型多角体病蚕流出的脓汁及尸体，质型多角体病蚕和病毒性软化病、浓核病蚕的肠液、粪便和尸体，都含有大量病毒，在养蚕过程中，常到处扩散，污染蚕室、蔟室的地面、屋顶、墙壁和尘土。同时也污染养蚕和上蔟用的一切蚕具及周围环境。此外，洗过蚕具的死水塘中，也往往潜存大量病毒。因此，在自然界里病毒病的传染源分布十分广泛，以下列举3个方面。

**1. 病蚕尸体及排泄物** 中肠型脓病、病毒性软化病及浓核病的病蚕粪便、泄出液及尸体中，都含有大量的病毒，是蚕座感染的重要传染来源。如一头中肠型脓病蚕在4龄期中能形成0.6亿～1.5亿个多角体，在5龄期中可能形成0.6亿～6亿个多角体，可以推算5龄蚕群中一头中肠型脓病蚕所形成的多角体可以使数万头健蚕染病。患浓核病和病毒性软化病的病蚕粪便中所含的病毒数量虽难以测知，但其传染性比质型多角体病更强。核型多角体病蚕的粪便中虽不带病毒，但发病后期病蚕的体壁都会破裂，流出含有大量多角体及病毒粒子的脓汁，在蚕座中辗转传染。

**2. 病蚕污染的蚕室、蚕具及环境**　养过病毒病蚕的蚕具、蚕室等，如不经消毒或消毒不彻底重复使用，最易引起传染发病。以病毒性软化病为例，如病蚕用过的蚕网，未经消毒而再度使用，到5龄第四天，几乎全部发病。以发生过质型多角体病的饲育场所的泥地表土调查：取地表1cm深的泥土浸液进行添食，发病率可达100%，污染的泥地由于饲养人员的走动，病毒随之传播，且泥地干燥后，尘埃四处飞扬，污染环境。不洁的水源，如作为蚕室和贮桑室用水，同样可能成为传染源。

**3. 昆虫病毒病**　桑树害虫（野蚕、桑蟥、桑螟等）及野外昆虫（赤松毛虫）的病毒病对家蚕可以形成交叉感染。

## 二、传染途径

**1. 食下传染**　生产上发生的家蚕病毒病，大多由于食下传染而引起。蚕食下病毒多角体后，多角体即被蚕儿的强碱性肠液所溶解，释放出被包含的病毒，虽能被杀灭一些，但如果食下的数量较多或毒力较强，就会引起传染发病。几种病毒相比较，核型多角体病的食下传染率较低，原因是家蚕的强碱性肠液对核型多角体病毒有较强的抑制作用。

**2. 创伤传染**　几种病毒病虽都可以通过体壁的创伤传染，但机会极少。由于蚕儿的血液是酸性的，所以必须是游离态的病毒才能引起创伤传染，如将表面经过消毒的多角体注入蚕体血液内，由于多角体在酸性中不被溶解，被包含的病毒释放不出来，因而就不会传染。如先用碱液将多角体溶解后再注入血液中去，就会引起传染。在生产中，创伤传染的机会很少，但由于蚕体体液对病毒的抵抗能力较差，感染后发病率非常高。

## 三、病毒病的发病规律

病毒经家蚕食下或创伤侵入蚕体后是否发病以及发病率的高低、病程长短、病势的强弱等与多种因素有关。

**1. 家蚕对病毒的抗性**　蚕的体质状况与病毒的感染有密切的关系，因蚕品种、龄期和生理状态的不同而有显著的差异。

（1）蚕品种与抗性。不同蚕品种对同等数量的病毒抵抗性不同，例如夏秋蚕品种东34×603对CPV的半致死剂量较春蚕种东肥×华合高1～2倍，春蚕品种中的苏17×苏16比苏1号×712的抗病力强3～4倍。杂交一代对病毒病的抗病力较其亲本要强。

（2）蚕龄期与抗性。同一品种的不同发育时期，对病毒的感染率同样存在着很大差异。随着蚕的生长发育，对病毒的抵抗力显著增强，同一龄中又以起蚕最弱，盛食期最强，盛食期后又趋下降。起蚕抗病力弱的原因，一方面由于围食膜尚未完善，另一方面是红色荧光蛋白的活性较弱。

（3）蚕的生理状态与抗性。蚕儿饲料、环境条件的不同而造成的不同生理状态，对病毒病感染的难易程度非常明显。例如以催青期、小蚕期用32℃高温和25℃常温两种方法饲养的3龄蚕，作为核型多角体病的添食试验材料，调查它们的半数致死剂量，高温区的5.5万粒/头，常温区是71.73万粒/头，两者对血液型脓病的抵抗力竟相差15倍左右，可见催青、领种和补催青以及小蚕饲养中，使用过高温度，对蚕体的健康是极为有害的，同时尽量不吃湿叶。

（4）蚕的性别与抗性。蚕的性别不同，抗性也不同，雄蚕比雌蚕强2～4倍。

（5）饥饿与抗性。用25℃饲养的5龄蚕，饥饿24h，抗性下降为原来的1/3；饥饿48h，下降为原来的1/30。1～2龄蚕饥饿24h，几乎没有影响。饥饿对蚕的抗性与温度有很大关系：20℃以下影响很小，30℃以上影响很大，31℃时饥饿24h，下降为原来的1/16，37℃时下降为原来的1/2479，生产上应做到适时饷食，如要延迟饷食时间，应保持低温。

**2. 病毒病的病程** 表2-9列出了不同病毒病种类的病程，因病毒种类不同，病程也相差较大。当然病毒的毒力、蚕体的抗性和外部环境都会对病程产生一定程度的影响。

**表2-9 各类不同病毒病的病程**

| 发病因素 | 蚕龄 | 发病或死亡时间（d） | 病程 |
|---|---|---|---|
| 血液型脓病 | 1～3 | 3～4 | 亚急性 |
| | 4～5 | 4～6 | 亚急性 |
| 中肠型脓病 | 1 | 4～7 | 慢性 |
| | 2～3 | 6～10 | 慢性 |
| | 4～5 | 8～12 | 慢性 |
| 浓核病 | | 7～12 | 慢性 |

可以说，一切干扰蚕儿正常生活的因素都能显著提高蚕对病毒的感受性。所以，生产上经常看到外观完全正常的蚕儿，一旦受到不良气候条件的影响或理化因素的刺激，就会引起病毒病突然暴发的事例发生，所以应该高度重视环境因素和饲育管理。

## 任务考核

理论与实践相结合，多元化评价。考核评价内容见表2-10。

**表2-10 掌握病毒病的发生规律**

| 班级 | | 姓名 | | 学号 | | 日期 | |
|---|---|---|---|---|---|---|---|
| 训练收获 | | | | | | | |
| 实践体会 | | | | | | | |
| 考核评价 | 评定人 | 评语 | | | | 等级 | 签名 |
| | 自我评价 | | | | | | |
| | 同学评价 | | | | | | |
| | 老师评价 | | | | | | |
| | 综合评价 | | | | | | |

## 思考练习

1. 家蚕病毒病的传染源有哪些?
2. 家蚕病毒病的传染途径是什么?
3. 蚕体对病毒感染的抗性表现在哪些方面?

## 任务拓展

家蚕是以群集方式进行饲养。生产中经常会遇到由于不良的气象环境或营养条件，导致蚕突然暴发病毒病，这种现象称为“诱发”。我国学者进行高低温冲击试验家蚕病毒病的发生情况数据如表 2-11。

表 2-11　高低温冲击试验家蚕病毒病的发生情况

| 处　理 | | 不同蚕龄冲击后病毒病的发病率（%） | |
|---|---|---|---|
| 温度（℃） | 冲击时间（h） | 4 龄起蚕冲击 | 5 龄起蚕冲击 |
| 40 | 0.5 | 1.2 | 0 |
| | 1 | 5.88 | 0 |
| | 2 | 17.5 | 12.5 |
| | 3 | 75 | 25 |
| 5 | 6 | 5 | 1.5 |
| | 12 | 0 | 5 |
| | 24 | 30 | 49.7 |
| | 48 | 90.2 | 53.11 |

从上述实验中，你能得出什么结论，试描述出来。

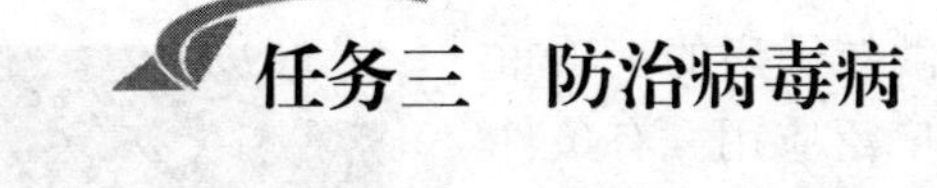

# 任务三　防治病毒病

## 任务目标

知识目标：认识消毒的重要性，熟悉几种常用消毒药剂的性质。

能力目标：学会养蚕前后的环境消毒；掌握蚕室蚕具及蚕体蚕座消毒方法；学会改善气象和营养条件，加强饲养管理的方法。

情感目标：了解病毒病防治的紧迫性和重要性，鼓励学生养成细心、耐心、严谨的学习习惯。

## 任务描述

本任务主要学习针对性防治病毒病的措施。要求与蚕期养蚕实践结合起来，重点从彻底消毒、隔离病原、加强饲养管理、提高饲养技术水平等方面加强学习，注重实际操作性，掌握防治病毒病的消毒药剂和使用方法，正确防治病毒病。

## 应知理论

### 一、做好蚕室、蚕具的彻底消毒

根据传染规律，即使环境条件很差，如果没有病毒存在，蚕儿也是不会发病的，反过来说，如果消毒不彻底，再加上环境条件不好、饲养粗放，就会引起大量发病。所以，严格进行消毒是预防病毒病发生蔓延的最主要的技术措施。在消毒时，一方面要选用最好的消毒药物（漂白粉、石灰等），蚕具用1%的漂白粉溶液浸泡15min以上，蚕室用1%有效氯漂白粉液或2%的福尔马林加0.5%的新鲜石灰混合液消毒，也可以采用新鲜的20%石灰浆粉刷蚕室进行消毒，并把消毒工作贯穿于养蚕生产的全过程，同时要防止病毒通过各种途径污染桑叶而引起传染（图2-14）。

图2-14　蚕室蚕具消毒

### 二、做好桑叶消毒

桑叶叶面消毒是预防家蚕微粒子病的一项重要技术措施，已在蚕种生产中广泛应用。有条件的地方也可以在丝茧育中使用。使用0.3%～0.5%有效氯的含氯石灰溶液消毒后甩干阴晾后喂食，同样能起到防治病毒病的效果（图2-15）。

图2-15　桑叶叶面消毒

### 三、进行蚕体、蚕座消毒

患病的蚕，一般都发育缓慢，特别是患肠道病的蚕。生产上无论哪种蚕病，都首先在迟眠蚕中发现。因此，做好分批提青工作，不仅能保证蚕儿饱食就眠，适时饷食，而且有利于使健康蚕与病蚕隔离开来，减少蚕座感染。试验证明，如不及时淘汰病蚕，则蚕座消毒的效果就会受到很大影响，所以淘汰病弱蚕是十分重要的（图 2-16）。

图 2-16　隔离、淘汰迟眠蚕、弱小蚕

淘汰的病蚕不应随便乱丢，要及时投入消毒罐中（内放石灰浆），集中后进行深埋。使用石灰粉进行蚕体和蚕座消毒，是防止病毒病发生、蔓延的一种行之有效的方法。在经常发病的农户或多发病毒病的季节，从 3 龄开始，每天早上使用一次石灰粉进行蚕座消毒可降低发病率。如发现蚕病，更应认真进行，眠中可用石灰粉代替干燥材料使用，对蜕皮并无妨碍，而且可以减少起蚕感染病毒的机会，但一天内如撒石灰过多，对茧质和茧层量有降低倾向，而对茧层率无影响（图 2-17）。

图 2-17　撒石灰进行蚕座消毒

## 四、饲育抗病性强的品种

饲育抗病或抗逆性强的品种，对防治病毒病有很大的实践意义。应根据饲育季节，选育适合的蚕品种，增强对病毒的抵抗力，减少发病，现在推行夏秋用品种，在抗病、抗逆两方面都较好，在增产上发挥了很好的效果。

## 五、加强饲养管理

饲育环境不良、叶质差、受饥饿、饲养技术粗放，都会造成蚕体虚弱，易发生病毒病。

所以在饲养过程中，应创造适于蚕儿生长发育的优良环境，改善气象和营养条件，精心饲育，克服不利因素，夺取蚕茧丰收（图 2-18）。

图 2-18　加强饲养管理

## 六、药物添食

给蚕添食盐酸环丙沙星，可以抑制细菌的增殖，保持甚至增强蚕儿体质，提高蚕儿对病毒的抵抗能力，间接起到防治病毒病的作用。具体用法：取盐酸环丙沙星胶囊 200mg（2 粒）加 500mL 冷开水溶解，均匀喷洒于 5kg 桑叶叶面，以桑叶正反面湿润为度，待水分稍干后喂蚕。发现病蚕时每天添食一次，至蚕病基本控制为止，可以减轻在发病过程中由于消化管内细菌繁殖而引起的病情恶化。

理论与实践相结合，多元化评价。考核评价内容见表 2-12。

**表 2-12　防治病毒病**

| 班级 | | 姓名 | | 学号 | | 日期 | |
|---|---|---|---|---|---|---|---|
| 训练收获 | | | | | | | |
| 实践体会 | | | | | | | |
| 考核评价 | 评定人 | 评语 | | | | 等级 | 签名 |
| | 自我评价 | | | | | | |
| | 同学评价 | | | | | | |
| | 老师评价 | | | | | | |
| | 综合评价 | | | | | | |

## 思考练习

1. 防治家蚕病毒病的特效药物是什么？各类制剂有什么优点？
2. 写出防治病毒病时，对蚕座消毒的技术要点。
3. 调查本地养蚕户（或蚕种实习场）有关防治病毒病的主要措施，试写出来。

## 任务拓展

为什么给家蚕添食盐酸诺氟沙星、盐酸环丙沙星等可以防治病毒病？

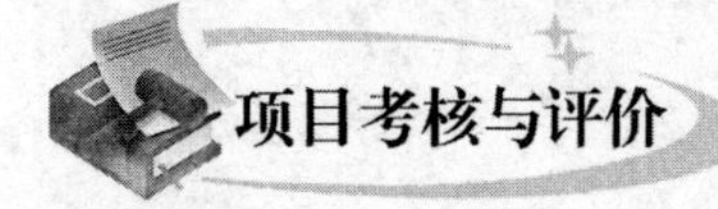

## 项目考核与评价

本项目考核内容：

1. 正确认识核型多角体病、质型多角体病、浓核病、病毒性软化病的典型病症，结合养蚕实习加以识别。

2. 理解病毒病的发生规律以及防治方法，结合养蚕实习，掌握防治病毒病的方法。

考核方式主要以参与项目任务的学习实践成效来评价，突出项目任务实践活动的方案、过程、作品及总结等，兼顾学习态度、知识掌握、团队合作、职业习惯等方面进行综合评价。坚持评价主体的多元化，通过自我评价、同学互评、教师评价及师傅评价等方式评定学习成绩。评价结果分为优秀、良好、合格、不合格 4 个等次，不合格者不计入项目学习成绩，要重新学习实践，确定通过评价取得合格以上成绩（表 2-13）。

**表 2-13　项目考核方法与评价标准**

| 项目名称 | 识别和防治病毒病 | | | | | | | | | | | | |
|---|---|---|---|---|---|---|---|---|---|---|---|---|---|
| 评价项目 | 考核评价内容 | 自评 | | | 互评 | | | 师评 | | | 总评 | | |
| | | 优秀 | 良好 | 合格 | 优秀 | 良好 | 合格 | 优秀 | 良好 | 合格 | 优秀 | 良好 | 合格 |
| 学习态度（20 分） | 评价学习主动性、学习目标、过程参与度 | | | | | | | | | | | | |
| 知识掌握（20 分） | 评价各知识点理解、掌握以及应用程度 | | | | | | | | | | | | |
| 团队合作（10 分） | 评价合作学习、合作工作意识 | | | | | | | | | | | | |
| 职业习惯（10 分） | 评价任务接受与实施所呈现的职业素养 | | | | | | | | | | | | |
| 实践成效（40 分） | 评价实践活动的方案、过程、作品和总结 | | | | | | | | | | | | |
| | 综合评价 | | | | | | | | | | | | |
| 改进建议 | | | | | | | | | | | | | |

## 项目小结

通过本项目的学习和实践，我们知道家蚕病毒病在生产中的发生病因很复杂，防治家蚕病毒病是养蚕生产中的一大难题。面对农村养蚕生产中消毒防病，我们已经会识别家蚕病毒病的症状，逐步掌握病毒病的诊断技术和发病规律，也熟悉生产中常用的病毒病的预防措施。今后，在蚕丝生产实践中，有了一定的知识和技能基础，希望学生能够把握实践锻炼机会，积极进步。

# 项目三

# 细菌病识别和防治

## 项目导学

由细菌侵入蚕体，并在蚕体内繁殖生长进而危害蚕体，最终引起的蚕病，称为细菌病。细菌病的发生在蚕业生产过程中比较普遍，不论什么时期都有可能发生，夏秋蚕由于天气高温多湿，细菌病的发生更加严重。

根据引发蚕儿生病的细菌不同，细菌病又分很多种，但不管哪一种，病蚕死后尸体均会腐烂软化，所以又称为软化病。蚕细菌病的类型通常分为：细菌性败血病、细菌性中毒病和细菌性肠道病。

## 任务一　识别细菌病

### 任务目标

知识目标：了解生产中常见的细菌病种类；熟悉细菌病在不同地区、不同季节的危害情况。

能力目标：初步掌握细菌病的症状特点，为细菌病的诊断打下基础。

情感目标：了解细菌病的危害特性，提高学生对防治细菌病的重视程度，养成细心、耐心、严谨的学习习惯。

### 任务描述

一般来说，大量发生严重细菌病的病例较少，但如果饲养操作不当造成蚕体损伤，或桑叶贮藏不善、细菌性农药使用不当等，也可能给蚕业生产带来严重的危害。要学会识别家蚕细菌病的症状，掌握细菌病的诊断技术、发病规律和防治技术。

### 应知理论

#### 一、细菌性败血病

引起败血病的细菌种类很多，其病症也因致病菌的不同而不同，常见的败血病有黑胸败血病、青头败血病和灵菌败血病 3 种。

**1. 病症**

（1）蚕期病症。先是停止食桑，体躯挺直，行动呆滞或静伏于蚕座。接着胸部膨大，腹节收缩，少量吐液，排软粪或念珠状粪，最后痉挛侧倒而死。刚死时有短暂的尸僵现象，1～2h尸僵现象消除，体壁松弛，体躯伸展，头胸前伸，回复到原来的长度，不久后组织开始崩溃，蚕体逐渐软化变色。不同的病原引起的败血病病症有所不同。

黑胸败血病：首先在胸部背面或胸腹之间出现黑绿色的尸斑，尸斑的边缘不明显并很快扩展，前半身及至全身变黑，最后尸体腐烂，流出黑褐色的污液（图 3-1）。

青头败血病：常在胸部背面出现绿色尸斑，尸斑呈半透明状，常有小气泡出现（浙江蚕区俗称“泡泡病”）。尸斑逐渐变成淡褐色，尸体逐渐变成土灰色，流出灰褐色污液（图3-2）。

图 3-1　黑胸败血病蚕

图 3-2　青头败血病蚕

灵菌败血病：先尸体上出现许多散生的咖啡色的小圆斑，逐渐地整个尸体都变成红色，最后尸体腐烂，流出红色污液。因温度等条件的关系，有些尸体的红色较淡，或不出现红色而呈污褐色（图 3-3）。

（2）蛹的病症。病蛹死亡迅速，蛹体腐烂变黑，体壁易破，外观完整，一触即破，流出恶臭的污液。常造成蚕蛹一批接一批相继死亡（图 3-4）。

图 3-3　灵菌败血病蚕

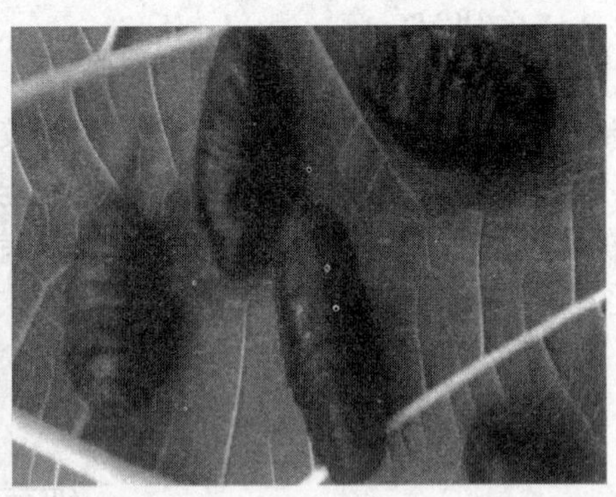

图 3-4　蛹的症状

（3）蛾的病症。病蛾活动能力差，鳞毛污秽，腹部不饱满，环节松弛，死后节间膜展开，露出体内组织腐烂后呈现的黑色，使腹部形成黑白相间的虎纹状斑，足和翅膀、触角等附肢与蛾体连接的软组织腐败后，各个附肢均自然脱离蛾体。

**2. 发病原因** 细菌性败血病在各大蚕区均有发生，各地细菌性败血病的危害程度因气候、自然环境、养蚕技术、桑叶品质、消毒防病水平及饲养蚕品种的差异而有所不同。

败血病主要是由致病细菌通过伤口侵染蚕体引起血液病变而导致蚕儿发病。蚕、蛹、蛾死前细菌一般不侵入到其他组织，而只在血液中迅速繁殖，并随着血液的循环遍布全身，在这个过程中，由于病菌大量迅速繁殖，分泌蛋白酶、卵磷脂酶等，夺取血液养分，导致血液变性，同时破坏血液组织及脂肪体，使脂肪球游离于血液中而变混浊。蚕、蛹、蛾死后，细菌马上侵入并破坏其他组织器官，使之腐败液化。

**3. 病原** 能引起蚕患败血病的细菌种类很多，包括大杆菌、小杆菌、葡萄球菌和链球菌等，这些细菌广泛存在于自然界中，在蚕室、蔟室、贮桑室、桑园等养蚕场所的灰尘和污水以及清洗桑叶后的废水中，均能检测出能引起败血病的细菌。

常见的病原细菌有黑胸败血病菌、青头败血病菌和灵菌败血病菌。其中黑胸败血病菌的抗性最强，能形成芽孢。

（1）黑胸败血病菌。芽孢杆菌属的黑胸败血病菌，菌体常两个或多个相连，大小（1～1.5）μm×3μm，偏生芽孢，周生鞭毛，革兰氏染色为阳性，菌落灰白色，大多数有褶皱（图 3-5）。

（2）青头败血病菌。气单孢菌属的青头败血病菌，两端钝圆，单个存在而不与其他杆菌相连，长（1～1.5）μm×（0.5～0.7）μm，不形成芽孢，极生单鞭毛，革兰氏染色为阴性，菌落白色，半透明（图 3-6）。

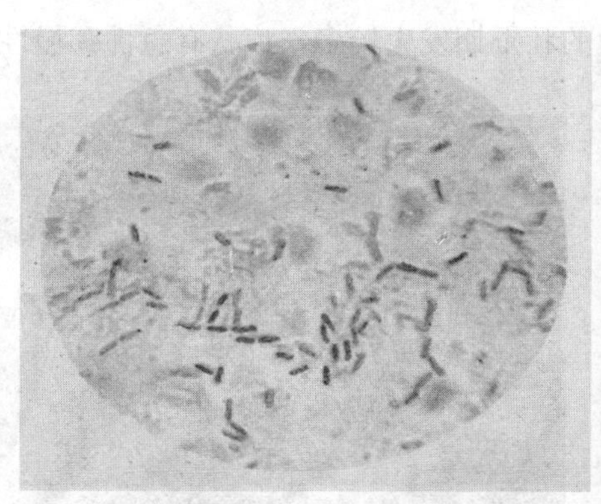

图 3-5 黑胸败血杆菌

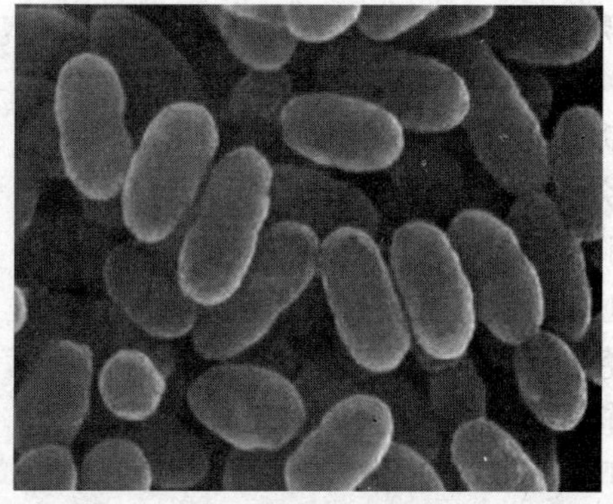

图 3-6 青头败血病菌

（3）黏质沙雷杆菌。引起灵菌败血病的细菌为沙雷氏菌属的黏质沙雷杆菌，短杆状，大小（0.6～1.0）μm×0.5μm，不形成芽孢，周生鞭毛，革兰氏染色为阴性，菌落玫瑰色，半透明（图 3-7）。

**4. 败血病的诊断** 一般有肉眼诊断和显微镜诊断两种方法，但不管用哪种方法，检查对象都应是濒死前的蚕、蛹、蛾。否则有些不是因败血病死亡的蚕、蛹、蛾，也会因细菌的大量滋生而腐烂变色，造成误诊。

（1）肉眼诊断。因为败血病发病快、病程短，在实际养蚕过程中很难观察到发病过程的各个阶段的病症，看到的往往是病蚕、蛹、蛾的尸体。因此，肉眼诊断主要观察尸体，初死时有尸僵现象（这是诊断上的一个重要依据），接着尸体上出现黑胸、斑点、青头症状；观察病蚕尸体变色的快慢、尸体腐烂并发出臭味也是诊断的重要依据，败血病蚕尸体腐烂迅速，并有恶臭发生。

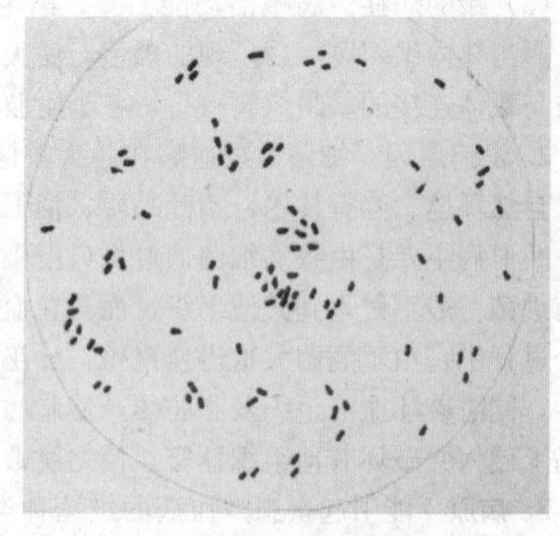

图 3-7　黏质沙雷杆菌

（2）显微镜诊断。同样应以临死前后的病蚕血液为对象，在 600 倍显微镜下观察，镜检有无细菌存在及细菌的类型，如有大量着生鞭毛的短杆菌或长杆菌存在，则可诊断为败血病。也可在加有脱脂乳的琼脂培养基上滴入病蚕血液，在 37℃下培养产生菌苔，如果菌苔周围有透明的晕圈，就说明该细菌具有卵磷脂酶、蛋白酶等分解血液中养分所需要的酶，引起的蚕病即为败血病。

## 二、猝　倒　病

猝倒病也称细菌性中毒症，是因为蚕食下芽孢杆菌产生的毒素而引起的中毒反应，蚕儿中毒后，很快死亡，故称猝倒病。本病以前多在南方蚕区的高温多湿季节出现，其他蚕区较少发生，但随着生物农药的大量使用，部分生物农药如青虫菌污染桑叶，被蚕食下后就会发生猝倒病。

**1. 病症**　本病只在蚕期发生，以食桑量大的壮蚕期发生较多，症状有急性和慢性两种。

（1）急性症状。蚕食下大量毒素后，约数十分钟到几个小时内急剧发病死亡。主要症状是突然停止食桑，头部抬起并缩入呈钩嘴状，胸部略膨胀，多数第 1～2 腹节略伸长，有痉挛颤动，体躯麻痹而迅速死亡。刚死时体色正常，手触尸体有硬块，后部空虚，有轻度的尸僵现象。由于体内细菌繁殖，在尸体腹部背面出现黑褐色的大型尸斑并迅速向首尾扩展，最后全身变成黑褐色，内部组织器官腐烂液化，成为一腔恶臭的污液。

图 3-8　猝倒病蚕

（2）慢性症状。蚕食下少量毒素时，初期表现为食桑减少，体色变暗，小肠以下空虚，排不整形粪，有时排红褐色污液，继而肌肉麻痹、松弛，背管搏动缓慢，最终侧倒而死。尸体初呈水渍状病斑，逐渐变成褐色而腐烂，流出黑褐色污液（图 3-8）。

**2. 发病原因**　猝倒病是由于蚕食下芽孢杆菌产生的毒素而引起的中毒反应。高温多湿有利于病原细菌的传播和蔓延，因此，本病主要在我国南方蚕区的高温季节危害较重，但随着细菌性农药的普及应用或细菌性农药的应用不当，在全国蚕区均能引起猝倒病的发生和蔓延，给蚕业生产带来重大损失。

**3. 病原**　本病的病原细菌属真细菌目、芽孢杆菌属，学名为苏云金杆菌猝倒亚种，包含有猝倒杆菌、苏云金杆菌、杀螟杆菌、青虫菌等，其中猝倒杆菌、杀螟杆菌、青虫菌都是苏云金杆菌的变种，因此，它们的形态和特征无大差异。猝倒杆菌有营养菌体、孢子囊及芽孢等几种形态，能产生α、β、γ外毒素及δ内毒素，α、β、γ外毒素对蚕没有毒性，δ内毒素也称伴孢晶体，对蚕有强烈的毒性（图 3-9）。

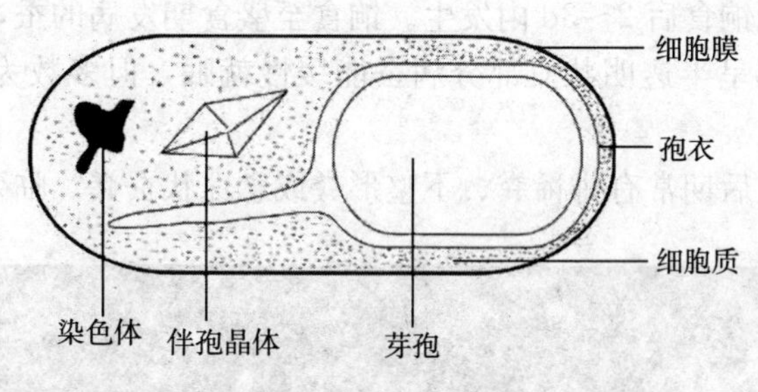


图 3-9　猝倒病芽孢杆菌

猝倒杆菌是具有芽孢并能产生内毒素的大杆菌，大小为（1.0～1.2）μm ×（2.2～4.0）μm，多成短链状，周生鞭毛，有运动性。革兰氏染色呈阳性，具有腐生、寄生和兼性腐生的能力，菌体在琼脂培养基上产生灰白色菌落。该细菌生活到一定阶段，在营养细胞内可形成一个内生孢子，称为芽孢。芽孢为卵形，大小为 1.0～1.5μm，斜生于菌体一端，另一端伴随着芽孢生有菱形的晶体，这就是伴孢晶体。若用提纯的伴孢晶体给蚕儿添食，能引起蚕迅速死亡。这种毒素能在碱性溶液中迅速溶解，蚕儿食下这种毒素后即为消化液溶解，毒素侵入到消化管组织细胞后，阻止了中肠细胞中呼吸酶的活性，引起细胞的坏死，从而出现中毒症状。

**4. 猝倒病的诊断**

（1）肉眼诊断。猝倒病属于急性病，发病死亡很快，濒死前没有明显症状，初死病蚕体色无变化，体躯挺直，头部缩入有钩嘴症状，有轻微的尸僵现象，手触尸体腹部有硬块。

（2）显微镜检查。必须检查出伴孢晶体方能确认。取濒死蚕的肠道内容物制成临时玻片标本，在显微镜下观察，如果观察到大型杆菌及芽孢，可用 1%结晶紫或石炭酸复红染色，在油镜下观察，如果看到着色较深的菱形的伴孢晶体及不着色的尖卵形芽孢即可确诊为猝倒病。有时病蚕急性中毒后迅速死亡，不易观察到芽孢及伴孢晶体，可将病蚕尸体放置一段时间后再制片观察。

（3）生物测定。将病蚕尸体放置一段时间后，将其肠道内容物加无菌水研磨，沉淀后将上清液涂于桑叶上喂蚁蚕（小蚕），如引起急性中毒即可确认。也可将病蚕肠道内容物进行细菌分离培养，从分离的菌落中显微镜检查有无芽孢及伴孢晶体，也可将其添食于健康蚕，如能引起急性中毒即可确诊。

## 三、细菌性肠道病

细菌性肠道病也称为细菌性软化病或细菌性胃肠病，俗称空头病或起缩病。该病的发生较为常见，发病的原因也比较复杂，一般认为本病的发生与是否接触到致病菌关系不大，而与蚕儿体质关系密切。一般情况下本病都是零星发生，对蚕业生产不会构成严重危害，但遇到不良气候或其他某些特定条件如桑叶质量不良或保管不善等，致使蚕儿体质过于虚弱，极易发生细菌性肠道病。

**1. 病症** 本病的主要病症是食欲减退，发育不齐，行动不活泼，排软粪、稀粪或污液等慢性症状。由于发病时间不同而有不同的症状（图 3-10）。

（1）起缩。在各龄饷食后 1～2d 内发生。蚕儿在饷食后不食桑，体态萎缩，体壁褶皱，体色发黄，龄中发病，体躯瘦小，软弱无力。

（2）空头。在各龄饷食后 2～3d 内发生。饷食至盛食期发病的蚕，肠道的前半部无桑叶而充满体液，以致胸部呈半透明状。部分病蚕能缓慢就眠，但多数为不脱皮蚕往往死于眠中，死后尸体软化。

（3）下痢。本病至后期常有排稀粪、不整形粪或念珠状蚕粪。临死前常伴有吐液现象。

图 3-10 细菌性肠道病

**2. 病原及发病原因** 本病无特定的病原菌。据试验查明，从病蚕体内分离出来的球菌、杆菌以及类似病毒的细菌等，都不是本病的特定病原，而是发病的一个次要因素。大多数情况下是由于蚕儿体质虚弱，肠道细菌迅速繁殖，干扰了蚕体的正常生理，从而导致蚕儿发病。

（1）健康蚕食下这些细菌，大多随粪便排出，部分留在蚕体内，但蚕体的健康不会因此受到影响。

（2）从若干表现为同一症状的病蚕消化液中，能同时找到各种不同的细菌。

（3）将本病蚕消化液添食其他健康蚕，不表现出特定的病症。

由此可见，本病发生的原因，大多数认为以蚕儿的生理因素为主要前提，细菌因素为次要条件。蚕儿先天虚弱或饲养中因气候、饲料、饲养方式等原因造成蚕体虚弱，当蚕体抗病能力、抗逆能力下降时，如果食下这些细菌或原来肠道内的细菌大量繁殖，尤其是蚕儿食下大量发酵桑叶时，将导致本病陆续发生。

**3. 诊断** 本病与浓核病的病症相似，肉眼很难区别，一般采取以下 3 种方法诊断。

（1）治疗试验。对发病蚕群或发育不良的弱小蚕群采取淘汰病弱小蚕、添食氯霉素、改善饲养条件等措施后，病情明显好转的可初步诊断为本病。

（2）生物试验。将病蚕消化道加无菌水研磨后沉淀，取上清液涂抹桑叶给健康蚕添食，如不发病即可确诊为本病。

（3）显微镜检查。取桑蚕群体中的弱小蚕或有该病特征的濒死蚕的肠道内容物，做成临时标本，在400～600倍光学显微镜下观察，发现有大量球形菌存在的往往是细菌性肠道病，本病后期可见到球菌和杆菌共存，杆菌一般为二次感染菌。

任务实践

# 实践一　观察败血病的病症、病变、病原

## 一、实践目的

通过肉眼识别和显微镜观察，认识黑胸败血病、青头败血病、灵菌败血病的病症、病变和病原，并能利用这些特征来识别败血病。

## 二、实践场所与材料

**1. 地点**　蚕病实验室。

**2. 材料工具**　显微镜（附油镜）、解剖器（全套）、载玻片、盖玻片、酒精灯、吸水纸、洗瓶、二重皿、吸管；石炭酸复红、结晶紫、二甲苯、革兰氏染色液等。黑胸败血病、灵菌败血病、青头败血病病蚕活体及标本，纯菌种（败血病原）。

## 三、实践方法与步骤

**1. 材料准备**　原发性败血病常见的有黑胸败血病、青头败血病、灵菌败血病3种，属于急性病，自细菌感染至发病死亡约1d。同时，生产中蚕染病后易被其他病菌感染，造成混合感染而使典型症状不明显，影响观察效果，所以需要事前准备好实验材料：将5龄健蚕分别以纯系分离的黑胸败血细菌、青头败血细菌、灵菌败血细菌进行穿刺接种，待其发病后使用。

**2. 病症观察**　以刚刚发病、病蚕出现典型病症时观察为好。观察病症时，将学生分成若干组，各组分别取黑胸、青头、灵菌病血病蚕，肉眼观察病蚕的体色、体形、病斑、粪便、吐液等症状，将观察到的结果写入实验报告，并对3种败血病的病症加以比对，总结出3种败血病的典型症状和鉴别方法。

**3. 病变观察**　主要观察病蚕血液的病变情况。由于细菌一般不侵入其他组织，只在血液中繁殖寄生，夺取血液中养分，并分泌蛋白酶、卵磷脂酶等，导致血液变性，同时还破坏血细胞、脂肪体等，使血液变混浊。病死后，细菌侵入到其他组织器官，使之液化并发出恶臭。实验时分别将刚刚出现典型病症的3种败血病病蚕的血液滴在清洁的载玻片上仔细观察，同时用同样的方法观察5龄健康蚕的血液做对比，将观察到的结果写入实验报告。

**4. 病原观察**　败血病不是由某一种特定的细菌引起的。检查病原时应分别取刚刚病死的黑胸败血、青头败血、灵菌败血等病蚕，用解剖剪剪去尾角或腹脚，将一滴血液滴在清洁载玻片上，制成临时标本在600倍显微镜下观察，因败血病种类不同，所观察到的细菌形态也不一样。将所观察到的细菌绘制在实验报告中，并加以对比说明。最后再进行病原革兰氏染色。

染色时先分别将3种败血病病原纯种滴在清洁载玻片上，制成涂片后在空气中阴干后，将标本面朝上，手持涂片一端在酒精灯火焰上层快速来回通过3回，以达到固定的目的。固定后细菌失活，菌株黏附在载玻片上并改变细菌对染料的通透性，易于染色。

经过固定后再按以下步骤进行染色：结晶紫染色1min→水洗后吸干水分→碘液媒染色1min→水洗、吸干水分→用95%酒精脱色10～20s→水洗脱去酒精→石炭酸复红染10～30s→水洗、吸干水分→用油镜观察。凡被染成紫色的为革兰氏阳性（$G^+$），被染成红色的为革兰氏阴性（$G^-$）。

根据观察到的染色结果对3种败血病病原为革兰氏阳性还是阴性在实验报告中加以说明。

## 四、实践注意事项

1. 观察病症时要用刚刚病死的病蚕作为观察对象，重点是观察病蚕的体色、体形、粪便、排泄物，尤其是不同败血病的病斑。

2. 观察病蚕血液时，注意观察血液混浊情况，并区分核型多角体病病蚕血液混浊情况。

3. 油镜用后用少量二甲苯将镜头擦拭干净。

## 五、实践小结

1. 绘制3种败血病典型病症。

2. 绘制显微镜下视野中的细菌形态。

3. 将观察到的病症填写表3-1。

表3-1　细菌性败血病病症

| 病类 / 病症 | 黑胸败血病 | 灵菌败血病 | 青头败血病 |
| --- | --- | --- | --- |
| 体形 | | | |
| 体色 | | | |
| 粪便 | | | |
| 排泄 | | | |
| 尸斑 | | | |
| 软硬 | | | |
| 血液 | | | |

# 实践二 观察猝倒病的病症和病原

## 一、实践目的

认识猝倒病的病症，掌握猝倒病病原的检验方法。

## 二、实践场所与材料

**1. 实践场所** 蚕病实验室。

**2. 材料工具** 显微镜、解剖器（全套）、接种针、载玻片、盖玻片、酒精灯、吸管、吸水纸等；孔雀绿染液、番红花红染液、蒸馏水等；活体猝倒病病蚕、初死猝倒病蚕尸体、猝倒杆菌种。

## 三、实践方法与步骤

**1. 材料准备** 猝倒病是家蚕食下猝倒杆菌的毒素后引起的急性中毒病。多为急性病，发病快，活体难以保存，因此实践前需提前准备。将5龄健蚕分别以纯系分离的猝倒杆菌进行添食接种，待其发病后使用。

**2. 病症观察** 以刚刚发病、病蚕出现典型病症时观察为好。观察病症时，将学生分成若干组，各组分别通过活体猝倒病病蚕和猝倒病蚕尸体，肉眼仔细观察病蚕的体色、体形、病斑、粪便、吐液等症状，将观察到的结果写入实验报告，总结出猝倒病的典型症状和鉴别方法。

**3. 病原观察** 用接种针蘸取猝倒杆菌液制成涂片在空气中阴干固定，然后用孔雀绿染液对芽孢进行染色，染色时需在酒精灯上加热染色5～6min，再用水洗后用番红花红染液染色5～6min，水洗后用吸水纸吸干，盖上盖玻片在油镜下观察猝倒杆菌营养体、芽孢和伴孢晶体，将观察到的结果绘制在实验报告中。

孔雀绿染色液的配制方法：孔雀绿5g，蒸馏水100mL，95%酒精少许。先将孔雀绿研细后，加入95%的酒精溶解后，再加入蒸馏水搅拌即可。

番红花红染色液的配制：番红花红5g，95%酒精100mL。取20mL番红花红酒精溶液，再用80mL蒸馏水稀释即成。

## 四、实践注意事项

猝倒病发病快，没有典型的病斑，病症表现不明显，需仔细观察。

## 五、实践小结

1. 绘制出显微镜视野下猝倒杆菌的营养体、芽孢和伴孢晶体的形态。
2. 说明猝倒病的症状。

## 应会技能

1. 熟悉败血病的病症以及诊断方法。

2. 掌握猝倒病的识别方法。
3. 学会细菌病的诊断方法。

## 任务考核

理论与实践相结合，多元化评价。考核评价内容见表 3-2。

**表 3-2　识别细菌病**

| 班级 | | 姓名 | | 学号 | | 日期 | |
|---|---|---|---|---|---|---|---|
| 训练收获 | | | | | | | |
| 实践体会 | | | | | | | |
| 考核评价 | 评定人 | 评语 | | | 等级 | 签名 | |
| | 自我评价 | | | | | | |
| | 同学评价 | | | | | | |
| | 老师评价 | | | | | | |
| | 综合评价 | | | | | | |

## 思考练习

1. 细菌病蚕有哪些共同的症状？
2. 细菌病蚕的典型症状是什么？
3. 如何准确诊断细菌病？

## 任务拓展

1. 怎样才能识别昆虫细菌病症状？
2. 养蚕过程中一旦发现细菌病，如何根据其发病原因控制它的蔓延？

# 任务二　掌握细菌病的发生规律

## 任务目标

知识目标：掌握不同类型细菌病的发生原因；掌握不同类别细菌病的发生规律。
能力目标：掌握不同类型细菌病的传染途径。

情感目标：了解细菌病发生规律，提高学生学习信心。

由不同细菌引起的细菌病，其发病原因、传染途径、发生规律均有明显不同。细菌性败血病主要是伤口传染，而猝倒病则主要是食下传染，细菌性肠道病则没有特定的传染途径，其传染性也不甚明显。要根据不同类型的细菌病，采取不同的防治方法，将危害降到最低。

## 一、传 染 源

**1. 败血病的传染源**　蚕血液中感染了细菌是导致蚕发生败血病的根本原因。造成败血病的细菌，一般不是由某一种或几种特定的细菌引起的。许多细菌通过人工接种方法接种于蚕体，都能引起蚕败血病的发生，但传染率的高低、发病的快慢又因细菌种类不同而不同。一般来说，杆菌引发败血病的速度要快于球菌。败血病菌能在环境中营腐生生活，因此，除病死蚕外，在蚕粪、垃圾、残桑、污水、土壤中，甚至一些桑叶上面，败血细菌均能繁殖、生活。根据资料记载，在蚕室、贮桑室、蔟室等生产场所的灰尘和污水中，分离和收集到菌株 66 个，将这些菌株通过穿刺接种方法接种蚕体，能不同程度引起蚕儿或蚕蛹发生败血病的菌株有 24 个，占菌株总数的 36.3%。同样，在 5 龄健康蚕的肠液中分离得到菌株 79 种，通过穿刺接种方法接种到 5 龄健康蚕，其中有 31 个菌株能引起蚕感染不同程度的败血病，占总菌株数的 39.2%，因此可以看出，败血病的致病菌并不是特定的某一种细菌，而是在养蚕环境中和蚕的肠道内都普遍存在。如果不注意蚕室、蔟室、贮桑室卫生，在养蚕环境中垃圾较多，非常容易滋生细菌，这些细菌能通各种渠道感染蚕座。蚕座过于潮湿，也能滋生细菌，也能为蚕感染败血病创造条件。

**2. 猝倒病的传染源**　被野外患病昆虫的粪便、尸体泄出物污染的桑叶是猝倒病的主要传染源。猝倒杆菌属于兼性寄生的细菌，在自然界分布相当广泛。遇到多湿高温的适宜条件，猝倒杆菌能迅速繁殖，大量增加，病害就会快速流行起来。猝倒杆菌能感染桑毛虫、桑尺蠖、桑螟、野桑蚕等多种野生昆虫，这些感染了猝倒杆菌的桑园野外昆虫，其排泄物或尸体可能污染桑叶从而传染给蚕，成为蚕发生猝倒病的主要传染源。

被患病蚕尸体、粪便等排出物污染的蚕座、蚕具也是猝倒病的重要传染源。患病蚕的尸体、粪便、体液等处理不当散落在蚕室、蚕具，都可以引起辗转感染。蚕食下猝倒杆菌引起急性中毒，很快死亡，这时排出的毒素较少，致病力也弱。但如果蚕座潮湿，经过 24h 后，由于猝倒杆菌在蚕的粪便中大量形成芽孢及毒素，致病力大大增强。因此，5 龄期每天除沙或采取蚕沙隔离措施是非常有必要的，否则蚕儿往往会出现不蜕皮、半蜕皮、迟眠甚至死亡。在 5 龄期如出现局部桑叶过剩往往就是猝倒病发病的中心，如不及时处理，会迅速蔓延。

近些年来，细菌型农药的大量使用，尤其是苏云金杆菌、青虫菌的使用不当污染桑叶，更能造成猝倒病的大量暴发，给蚕业生产造成严重危害。

**3. 细菌性肠道病的传染源** 细菌性肠道病没有特定的传染源，也没有特定的致病细菌，一般认为，蚕发生细菌性肠道病是因为蚕体质虚弱，肠道内细菌激增，使蚕体正常的生理活动发生紊乱，从而使蚕儿发病。据调查，在5龄健康蚕的肠道内，经常存在30种6个属的细菌，尤其以链球菌最为常见。这些细菌基本无致病性或致病性很弱，能和蚕保持共生关系。随着桑叶食下的一些细菌，由于不能适应蚕儿肠道的强碱性环境而迅速死亡，因此蚕肠道内的细菌数量能保持在对蚕无害的水平。但是，如果蚕儿体质虚弱，肠道内各种抗生物质减少或活性减弱，一些链球菌能发酵葡萄糖产酸，产生的大量乳酸使蚕肠道中碱性下降，一些原本不能在强碱性环境中生活的致病菌就可以生存下来，并迅速繁殖使蚕发病。

## 二、传染途径

**1. 败血病的传染途径** 败血病的传染途径主要是伤口传染，蚕体创伤后30min内是败血病传染的敏感期，以后随着伤口的愈合，感染的可能性随之降低，伤口愈合后，细菌就不能感染。败血病的发生与蚕体的体质关系不大，而与蚕室的温湿度、接触病菌的机会、操作技术（蚕体创伤）关系密切。在养蚕过程中，由于蚕座过密，蚕儿互相抓爬，养蚕动作不细、粗暴，特别是大蚕期除沙、给桑、扩座、抓蚕和熟蚕上蔟时工作量大以致动作粗放，都极易造成蚕体损伤。即使伤口小到我们肉眼看不到，也会导致病原菌通过伤口感染蚕体，增加蚕儿感染败血病的机会。据调查，5龄中后期蚕群中皮肤完好的蚕仅占16.8%，带伤的蚕数竟高达83.2%，这也是蚕在5龄中后期到上蔟前、结茧过程中易多发败血病的主要原因。蚕种场在种茧运输、削茧、鉴别雌雄茧的过程中，也容易使蚕蛹受到损伤，这也是引起败血蛹的重要原因。据调查，因技术不熟练或操作粗放，生手削茧比熟练工人削茧出现败血蛹的概率增加3.8%～18%。

**2. 猝倒病的传染途径** 猝倒病只有经口传染（食下传染）这一个传染途径。如果蚕通过创伤感染猝倒杆菌毒素，蚕儿不会发病，创伤感染猝倒杆菌，只会引起蚕发生败血病而不是猝倒病。

猝倒病是蚕食下各种状态（营养体、芽孢）的病原菌及其产生的毒素，使蚕儿肠道受到感染而引起的全身性疾病。一般认为，如果蚕仅仅食下游离在菌体外的毒素，只能引起蚕儿中毒死亡而不会发生再传染，但是蚕儿在食下毒素时，不可能不同时食下芽孢，因此，中毒蚕一般都具有传染性。

**3. 细菌性肠道病的传染途径** 细菌性肠道病的发生没有特定的传染途径，也没有特定的致病细菌，多数情况下是由于蚕儿体质虚弱，肠道内的细菌大量快速增殖，使蚕儿肠道物质的理化性质发生改变，蚕体的正常生理活动受到干扰，从而造成蚕儿发病。

## 三、导致蚕发生细菌病的因素

**1. 导致蚕发生败血病的因素** 败血病的发生与养蚕操作方法、接触病原菌的机会和饲育温湿度的关系非常密切。

（1）操作技术方面。蚕座过密，尤其是5龄中后期，蚕体比较强健有力，蚕头过密会导致蚕儿互相抓爬，互相抓伤。养蚕过程中如除沙、扩座、给桑、提青、上蔟、削茧等过程操作粗放，也极有可能造成蚕儿受到创伤，即使我们肉眼看不到的伤口，细菌也极易侵入，尤其是创伤后的30min内，败血病的发生会明显增多。

（2）接触病原菌机会。湿叶贮藏，或贮桑室湿度过大，桑叶贮藏时间过长，堆放过厚，都会导致桑叶发腻，叶面细菌增殖，用这种桑叶喂蚕，不仅败血病发病率增加，也会引起细菌性肠道病的发生。另外，养蚕前蚕室、蔟室、贮桑室、蚕具、蔟具消毒不彻底，病死蚕的尸体处理不当或不及时，也会污染蚕座、蚕具、养蚕环境，这都容易引起败血病。在蚕室堆放桑叶也会增加蚕接触病原菌的机会。

（3）蚕室温湿度。养蚕环境中的温湿度对败血病的发生和传染没有直接的关系，但能影响细菌的繁殖。气温高、湿度大，细菌在蚕座内繁殖迅速，从而能间接引起蚕败血病的发生，而且发病时间大大缩短，如灵菌败血病自细菌侵入蚕体内至发病死亡的时间，温度为30℃时只需8h左右，25℃时约为14h，而15℃时则长达30h。因此，在蚕业生产上，夏秋蚕期高温多湿，发生败血病一般比春蚕期明显增多。

**2. 导致蚕发生猝倒病的因素**

（1）桑园野外昆虫。桑园野外患病昆虫的排泄物污染桑叶是导致本病发生的主要因素。因此，野外患病昆虫的发生情况就直接决定了猝倒病的发生情况。尤其是当野外患病昆虫较多，又恰逢贮桑室高温多湿，桑叶长期处在高温多湿的环境中，潜藏在桑叶上的这类细菌迅速增殖，病害就会流行起来。

（2）蚕座及养蚕环境卫生。被患病蚕的粪便等排泄物污染的蚕座也是发生本病的重要因素之一。因此，适时除沙、及时消毒就显得格外重要，蚕沙堆放点离蚕室也要有一定距离，没有经过堆沤的蚕沙禁止直接为桑园施肥，更不能在蚕室较近的地方堆晒。病蚕、死蚕、弱小蚕的处理也不能马虎，一定要放置在指定位置，妥善处理，决不能随手丢弃或饲喂鸡鸭等，以免引起细菌的大量传播。

（3）农业布局及生物农药的不当使用。蚕区农业布局不当也是引发猝倒病的重要因素。当桑园附近的农田如棉花田中使用青虫菌、杀螟杆菌等细菌农药，由于风向等原因，细菌农药污染桑园，都能引起猝倒病的发生和蔓延。

（4）养蚕环境温湿度。养蚕环境高温多湿是发生本病的重要因素。温度较高，适于细菌繁殖，能在短时间内大大增加细菌数量。阴雨天气，除湿困难，尤其是贮桑室多湿，导致湿叶喂蚕，造成蚕座潮湿、蒸热，这不利于蚕儿健康，但有利于细菌的繁殖和传播，因此更加容易发生猝倒病。一些地区实行地坑养蚕和不除沙养蚕也是造成猝倒病多发的重要原因。

**3. 导致蚕发生细菌性肠道病的因素** 本病没有特定的病原，从病蚕体内提取分离出来的球菌、杆菌以及类似病毒的细菌，将其涂抹在桑叶饲喂健康蚕，健康蚕一般不会染病，因此，病原菌只是本病发生的一个次要因素，影响本病发生的主要因素为饲料和温湿度条件，其次才是病原菌增多。

（1）饲料条件。蚕体肠道内的抗链球蛋白等抗生物质都是由桑叶中所含的某种成分转化而来。而桑叶中这种成分的含量又因桑叶的质量不同而不同。所以，吃不同质量桑叶的蚕，其肠液的抗菌指数相差很大。春蚕期桑叶质量较好，蚕肠液的抗菌指数达175，而晚秋蚕期桑叶质量差，蚕肠液的抗菌指数只有59，而用人工饲料喂养的蚕，肠道抗菌指数只有18.4。因此，过老、过嫩、光照不足、营养不良和萎凋桑叶喂蚕，极易引发细菌性肠道病，还往往发生后期死蛹。

（2）温湿度条件。高温和多湿都能诱发本病，多湿比高温影响更大，高温和多湿叠加影响更大，在高温多湿条件下，一方面由于桑叶发酵，叶质较差，蚕营养不良，蚕体肠道内抗链球菌蛋白减少，蚕体质下降；另一方面，由于桑叶表面发酵，叶面有大量细菌存在，蚕随同桑叶食下大量细菌，就极易引发本病的发生。

另外，当蚕受微量有毒物质影响（中毒）或在极度饥饿的情况下，往往也能诱发细菌性肠道病。

（3）细菌增殖。当蚕肠道内细菌数量在 $10^7$ 个/mL 以内时，对蚕儿健康没有不良影响，但当蚕肠道内细菌数量达到 $10^9$ 个/mL 时，对蚕的正常生理活动、正常发育有明显的不良影响。当蚕体虚弱时，肠道内的链球菌就会快速增殖，引起肠道病的发生。

## 应会技能

1. 熟悉败血病的传染源及传染途径。
2. 掌握猝倒病的传染源及传染途径。
3. 掌握细菌性肠道病的传染源及传染途径。
4. 掌握各种细菌性蚕病的共同点和不同点。

## 任务考核

理论与实践相结合，多元化评价。考核评价内容见表 3-3。

表 3-3　掌握细菌病的发生规律

| 班级 | | 姓名 | | 学号 | | 日期 | |
|---|---|---|---|---|---|---|---|
| 训练收获 | | | | | | | |
| 实践体会 | | | | | | | |
| 考核评价 | 评定人 | 评语 | | | | 等级 | 签名 |
| | 自我评价 | | | | | | |
| | 同学评价 | | | | | | |
| | 老师评价 | | | | | | |
| | 综合评价 | | | | | | |

## 思考练习

1. 各类细菌病有哪些共同的传染源？
2. 影响细菌病的共同因素有哪些？

3. 不同的细菌病有哪些传染途径？

1. 桑园野生昆虫患细菌病与蚕发生细菌病有何关系？
2. 养蚕过程中如何通过调节气象因素来控制细菌病的发生和蔓延？

# 任务三　防治细菌病

知识目标：掌握细菌病的防治原理。

能力目标：根据不同类型的细菌病，掌握不同的防治方法。

情感目标：使学生们认识防治蚕病的辛苦，树立严谨、认真的学习态度。

针对不同的细菌病，根据其不同的传染途径、影响因素，在生产上采取不同的防治方法。本任务要求学习生产上常见细菌病的防治措施，加深对家蚕细菌病有效防治的认识。

## 一、败血病的防治

防治败血病，应根据其伤口传染途径的特殊性，主要从消灭病原菌和防止伤口传染两个方面进行综合防治。另外，药物防治也有一定的作用。

**1. 消灭病原**

(1) 对蚕室、蚕具严格消毒，保持蚕座及环境的清洁卫生。常见的氯制剂和甲醛制剂，都对败血病菌有很好的消毒效果。但败血病菌在自然界分布很广，越是肮脏的地方越容易滋生，且能随空气四处传播。因此，要重点消除细菌的滋生地，保持好养蚕环境及养蚕人员居住地的环境卫生，同时对败血病发病严重的蚕室及所用蚕具，采用漂白粉、毒消散、福尔马林等对细菌杀灭能力强的消毒制剂进行消毒（图 3-11）。

(2) 加强贮桑管理，避免湿叶贮藏。采取干贮湿喂法，减少病菌在桑叶上迅速繁殖的机会。在夏秋高温干燥季节，桑叶加水一定要保证清洁，最好用自来水，也可在每 50kg 水中加入 1～2 片漂白粉精或 0.4～0.8g 含有效氯 2.5%的漂白粉，搅拌后静置 0.5h，再取澄清液喷洒桑叶后喂蚕。

(3) 正确处理病死蚕。养蚕过程中发现病死蚕，要立即连同被污染的桑叶一同投入到消毒罐中，切不可随手丢弃。在采茧过程中或种茧保护中发现的死茧、死蛹，也要隔离放置，

图 3-11 喷洒消毒

集中起来消毒后深埋，避免病原菌传播。

(4) 加强蚕室通风换气，避免高温多湿，掌握好给桑量，勿使残桑过多，保持蚕座干燥清洁。

**2. 防止蚕体创伤**

(1) 蚕期避免蚕座过密，同时严格操作规范，不得粗暴操作。在给桑、除沙、分匾、加网、扩座、眠起处理和上蔟等环节，要认真贯彻操作技术，不得粗放损伤蚕体。推广用网除沙，捉熟蚕上蔟时避免熟蚕堆积，减少蚕群互相抓爬抓伤的机会。

(2) 加强蛹、蛾期管理，避免蛹、蛾受伤。削茧、鉴蛹、捉蛾、拆对等工作中，勿使蛹、蛾受伤，种茧育要掌握好采茧适期，要尽可能推迟削茧并小心操作，缩短蛹体裸露的时间。垫蛹材料要清洁柔软，避免蚕匾扎伤或刺伤蛹体，减少蛹体受伤机会。

**3. 添食抗生素** 据我国科研部门和生产单位初步试验结果，对败血病具有高效低毒的抗生素有红霉素、氯霉素、合霉素、土霉素等。其中红霉素、氯霉素、合霉素对黑胸败血病病菌有较好的抗菌作用，氯霉素、合霉素、土霉素对青头败血病病菌有较强的抑制作用。但以上抗生素对灵菌败血病病菌无效，在正常情况下，一般不用，如果发现病蚕，每天添食抗生素，连续 1～2d，添食浓度为：氯霉素 500～1 000U；红霉素、合霉素 1 000U，可以有效地抑制败血病的蔓延。

蚕种生产中，在削茧鉴蛹时，用 500～1 000U 的氯霉素进行蛹体消毒，也能有效降低败血蛹的发生。

## 二、猝倒病的防治

消灭传染源、切断食下传染途径是防治猝倒病的关键。生产上常采取彻底消毒、及时防治桑园害虫、通风排湿等措施，效果良好。

**1. 彻底消毒，消灭传染源** 针对猝倒杆菌芽孢及伴孢晶体具有较强的抵抗力这一特点，养蚕前、养蚕中的消毒一定要彻底，消毒前一定要先将病蚕尸体、粪便及其他排泄物彻底清洗，清除或暴露包裹着的病原，然后蚕室、蚕具再用有效氯含量为 1%的漂白粉喷洒，并保持湿润30min，达到消毒彻底的效果。贮桑室也要每天清扫残叶，定期消毒。对地坑的表土，用漂白粉或次氯酸钠消毒后，为形成隔离层，再洒上石灰浆，这样效果更好。发病严重时，应将消毒后的表土铲除，换上新土，再进行消毒。要定期对蚕体蚕座进行消毒，可用含有效氯0.3%～0.5%的漂白粉对蚕座进行消毒，已经发病时要每天进行一次蚕体蚕座消毒，及时清理病死蚕，不要让病蚕尸体在蚕座上腐烂及流出污液污染蚕座，要立即将病蚕及被病死蚕污染的残桑一起投入到消毒罐中，并彻底进行蚕座消毒，防治传染蔓延。需要注意的是，一般的甲醛制剂、熏蒸剂对伴孢晶体的消毒效果较差。

**2. 加强桑园害虫防治，不采虫口叶** 及时防治虫口密度过大的桑园害虫，是避免患病的桑园害虫尸体及粪便污染桑叶的有效方法，不采虫口叶，不用害虫排泄物、泄出物污染过的桑叶喂蚕，是防止蚕食下传染的有效途径。被污染的桑叶，可用含有效氯0.3%的漂白粉液喷洒叶面消毒，避免用光照不足叶、过老、营养不良叶喂蚕。

重点蚕区尽量避免用苏云金杆菌等细菌农药防治大田害虫，蚕室即使空闲也不能用来堆放细菌农药及喷药工具。

**3. 加强通风排湿** 阴雨天气要加强通风排湿，也可以蚕室内放置新鲜生石灰来除湿。为保持蚕座干燥，尽量少给湿叶，同时在蚕座上撒石灰或其他干燥材料，不仅能吸收过多水分，防止蚕座蒸热多湿，还能隔离病原物。

## 三、细菌性肠道病的防治

本病的发生与蚕是否接触到病原菌关系不大，而与蚕体体质关系密切。因此，加强饲养管理、采取合理的饲养措施，增强蚕儿体质是防治细菌性肠道病的关键。

**1. 加强饲养管理，提高蚕儿体质** 提高蚕儿体质可以有效提高蚕儿的抗病能力，有效避免细菌性肠道病的发生。要重视小蚕良桑饱食，大蚕注意通风换气，保持蚕座干燥清洁，杜绝湿叶喂养，及时除沙，防止蚕座发酵，喂叶时要注意给桑量，不要喂叶过多，尽量减少残桑。

**2. 加强桑园肥培管理，提高桑叶质量** 摒弃重蚕轻桑思想，增强桑园水肥管理，及时清除杂草、消灭害虫。注意贮桑室环境卫生、清洁，避免湿叶贮藏，勤翻动桑叶，防止桑叶贮藏过程中发热发酵、细菌滋生繁殖，采回的桑叶也不宜贮藏过久。

**3. 添食抗菌素** 添食氯霉素、红霉素、土霉素等对预防细菌性肠道病有较好的效果。生产中常从3龄起添食500U氯霉素，隔日添食一次，如发现病蚕可连续添食3次，控制病势的发展，防治效果较好。

**4. 彻底消毒，消灭传染源** 加强消毒灭菌工作，防止细菌大量滋生繁殖，防止细菌传染。

## 应会技能

1. 熟悉败血病的防治方法。
2. 掌握猝倒病的防治方法。
3. 掌握细菌性肠道病的防治方法。

## 任务考核

理论与实践相结合，多元化评价。考核评价内容见表 3-4。

**表 3-4　防治细菌病**

| 班级 | | 姓名 | | 学号 | | 日期 | |
|---|---|---|---|---|---|---|---|
| 训练收获 | | | | | | | |
| 实践体会 | | | | | | | |
| 考核评价 | 评定人 | 评语 | | | | 等级 | 签名 |
| | 自我评价 | | | | | | |
| | 同学评价 | | | | | | |
| | 老师评价 | | | | | | |
| | 综合评价 | | | | | | |

## 思考练习

1. 如何有效预防细菌病？
2. 发现细菌病，应如何采取应急措施？
3. 对于不同的细菌病，如何采取有针对性的防治措施？

## 任务拓展

1. 怎样才能利用细菌农药治虫而又不影响蚕桑生产？
2. 如何采取综合防治措施来防治细菌病的发生？

## 项目考核与评价

本项目的考核内容：

1. 正确认识败血病、猝倒病、细菌性肠道病的典型病症，在养蚕实习中能够正确识别细菌病。

2. 掌握细菌病的发生规律以及防治方法，结合养蚕实习，掌握防治细菌病的方法。

考核方式主要以参与项目任务的学习实践成效来评价，突出项目任务实践活动的方案、过程、作品及总结等，兼顾学习态度、知识掌握、团队合作、职业习惯等方面进行综合评价。坚持评价主体的多元化，通过自我评价、同学互评、教师评价及师傅评价等方式评定学习成绩。评价结果分为优秀、良好、合格、不合格 4 个等次，对于不合格的不计入项目学习成绩，要重新学习实践，确定通过评价取得合格以上成绩（表 3-5）。

**表 3-5　项目考核方法与评价标准**

| 项目名称 | 识别和防治细菌病 | | | | | | | | | | | | |
|---|---|---|---|---|---|---|---|---|---|---|---|---|---|
| 评价项目 | 考核评价内容 | 自评 | | | 互评 | | | 师评 | | | 总评 | | |
| | | 优秀 | 良好 | 合格 | 优秀 | 良好 | 合格 | 优秀 | 良好 | 合格 | 优秀 | 良好 | 合格 |
| 学习态度（20 分） | 评价学习主动性、学习目标、过程参与度 | | | | | | | | | | | | |
| 知识掌握（20 分） | 评价各知识点理解、掌握以及应用程度 | | | | | | | | | | | | |
| 团队合作（10 分） | 评价合作学习、合作工作意识 | | | | | | | | | | | | |
| 职业习惯（10 分） | 评价任务接受与实施所呈现的职业素养 | | | | | | | | | | | | |
| 实践成效（40 分） | 评价实践活动的方案、过程、作品和总结 | | | | | | | | | | | | |
| | 综合评价 | | | | | | | | | | | | |
| 改进建议 | | | | | | | | | | | | | |

## 项目小结

细菌病是由细菌引起的蚕病的总称，在各个养蚕地区和每个养蚕季节都有发生，春蚕期发病较少，夏秋蚕期发病较多。本项目我们学习了家蚕细菌病的分类、各种细菌病的典型症状及诊断方法，掌握了细菌病的发病原因、发病规律，并针对不同类型细菌病的发病规律，学会了细菌病的预防措施。

# 项目四

# 真菌病识别和防治

## 项目导学

真菌（Fungus）是一种真核生物，大多数真菌原先被分入动物界或植物界，但真菌的细胞既不含叶绿体，也没有质体，是典型异养生物。它们从动、植物的活体、尸体、排泄物以及断枝、落叶和土壤腐殖质中，来吸收和分解其中的有机物，作为自己的营养。由此看来，真菌既不属于植物，也不属于动物，科学家将其划为独立的界——真菌界。真菌在自然界分布极广，土壤、空气、水源、动植物体表都可存在。

真菌也是引起动植物发生疾病的重要微生物病原，可以引起人、动物、昆虫、植物发生病害。由真菌寄生蚕体，并在蚕体内繁殖生长进而危害蚕体，最终引起蚕儿发病，称为真菌病。蚕桑生产中有很多病害是由真菌引起的，如白僵病、黄僵病、曲霉病等，桑树上褐斑病、白粉病、芽枯病等。当然，也有一些真菌是有益于人类的，如医药上广泛应用的青霉素、食品中应用的酵母菌、养蚕中用的氯霉素、土霉素等。

桑蚕真菌病的种类很多，由于桑蚕受真菌寄生发病死亡后，尸体内的水分被真菌吸干，尸体多数僵硬不腐烂，因而真菌病也称为硬化病或僵病。由于寄生真菌的不同，死蚕尸体上长出的分生孢子颜色也不同，依分生孢子颜色将真菌病分为白僵病、黄僵病、曲霉病、绿僵病、赤僵病、黑僵病等。

我国蚕业生产上最常见的是白僵，危害也最严重，其次是绿僵病，曲霉病也时有发生，近年来，黑尾病也较流行，值得注意。

真菌病在我国各蚕区均有发生，以多湿地区和多湿季节发病较多。近年来，由于个别蚕农防病意识淡薄、防病技术匮乏，僵蚕处理不当，造成严重的病原扩散，给真菌病的防治带来了很大的难度，导致其流行范围较广，造成的损失也大。因此，真菌病也是蚕业生产上主要的防治对象。

## 任务一　识别真菌病

### 任务目标

知识目标：了解在蚕业生产中常见的真菌病种类；掌握细菌病的症状特点。

能力目标：懂得常见真菌病识别方法，掌握正确诊断真菌病的方法。

情感目标：提高学生对真菌病的认识，重视真菌病的学习。

## 任务描述

真菌病是蚕业生产中的一种多发病，其种类很多，在我国各蚕区、养蚕的各季节均有发生，尤其是多湿地区或多湿季节发病更为严重，由于僵病的分生孢子很轻，能随风传播，故其传染迅速，处理不好能给蚕农带来严重危害。随着蚕业科技的发展，真菌病的防治已经有了多种有效药物，完全可以控制，但如果防病思想麻痹或技术处理不当，依然能导致重大损失。因此必须能正确识别常见的真菌病。

## 应知理论

### 一、白　僵　病

白僵病是一种亚急性传染病。病程一般为2～6d，也是在所有真菌病中分布最广、危害最严重的病害。只要处理不当，在任一蚕区、任一养蚕季节，甚至蚕的每个发育阶段，都有可能受到白僵病的危害。

**1. 病症**

（1）蚕期病症。感染白僵病后，大多早的经1d，迟的经7d发病死亡，一般1～2龄经2～3d，3龄3～4d，4龄4～5d，5龄5～6d，在一定范围内，温度越高，死亡越快。发病初期的蚕儿，无特别症状表现，尤其是小蚕发病，仅在除沙时可见到桑沙里有白僵蚕，大蚕发病，体形很少变化，只是体色变暗，反应迟钝，食桑减少，行动不活泼，有时在蚕体上出现黑褐色针状油渍状病斑，或在气门周围出现油渍状病斑，也有的到死也不见任何病斑。不论有无病斑，死时均口吐肠液，排泄软粪，刚死时头胸向前伸出，平伏于蚕座中；身体柔软而有弹性，此时血液混浊。死后不久，随着体内真菌丝的发育，尸体逐渐变硬，有的从尾部开始出现桃红色，此时若在25℃、相对湿度80%以上的环境中，经过1～2d，首先在气门、节间膜、口器等处生长出白色气生菌丝，以后菌丝遍布全身，最后在气生菌丝上生出无数的白色分生孢子，外观看即全身长满白毛和白粉，此白粉即为白僵菌的气生菌丝和分生孢子的集合物，是一种新的传染源，可随空气流动四处传播。如空气过于干燥，尸体仅在节间膜或气门处生长出气生菌丝和少量分生孢子（图4-1至图4-4）。

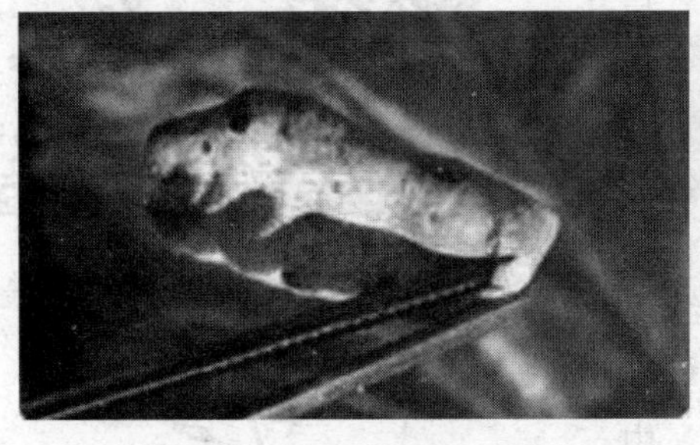

图4-1　初死白僵蚕的病症

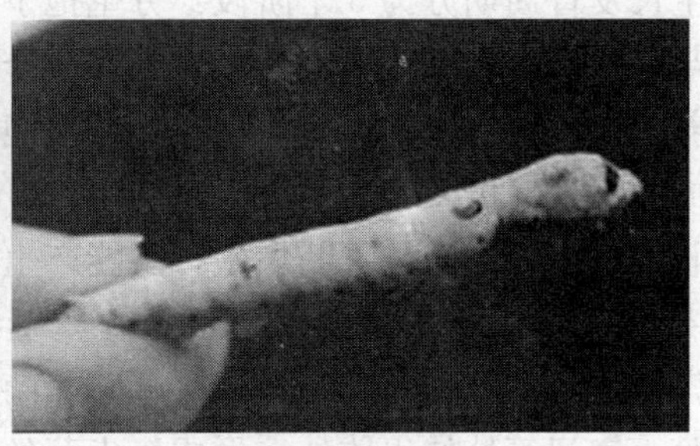

图4-2　死后尸体逐渐变硬

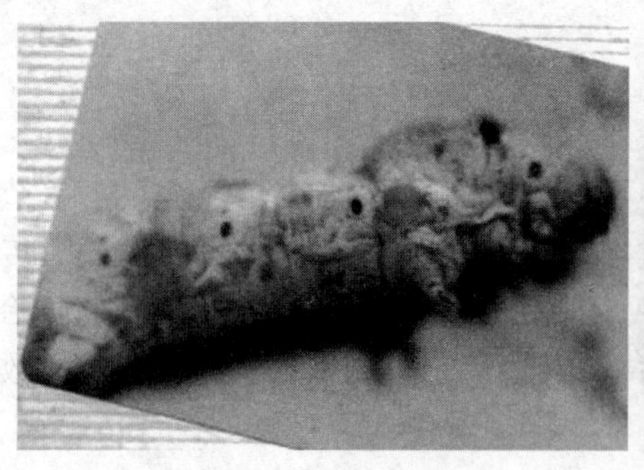

图 4-3　油渍状病斑

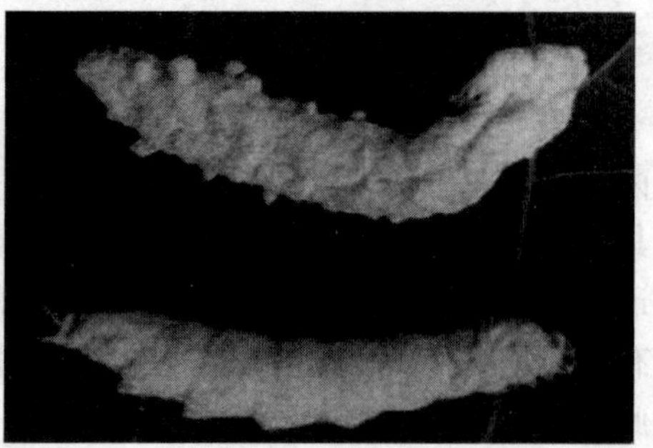

图 4-4　白僵蚕

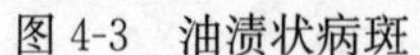

眠中发病，蚕体逐渐变为淡黑色，周身皮肉紧张，新旧皮不能分离，常在脱皮过程中大量出血死亡，造成不脱皮或半脱皮。由于蚕体创伤严重，这类病蚕尸体易受细菌感染发黑腐烂，不硬化，也不产生气生菌丝和分生孢子。

（2）蛹期病症。在种茧饲育中，无论是5龄末期、营茧过程中，或是在削茧、鉴别雌雄和蛹体保护中，都有可能发生僵蛹。蚕蛹发生白僵病后，形成僵蛹。这种僵蛹茧茧色次白，缺少光泽，手摇响声脆，又干又轻，酷似烘过的干茧。白僵病蛹在死亡前弹性显著降低，环节失去蠕动能力，死前大多不易发现，僵蛹死后胸部收缩细小，腹部皮肤皱缩，以致全身干瘪，于气门、皱褶和环节间膜处逐渐长出菌丝和分生孢子，但是气生菌丝远不及病蚕尸体上多，这是因为茧内湿度小，蛹体水分不足之故。如果环境湿度饱和，蛹体上也可布满气生菌丝和分生孢子（图4-5）。

图 4-5　白僵蛹

（3）蛾的病症。化蛹后期感染白僵病的蛹，也有可能羽化而发生白僵蛾。病蛾尸体干瘪，翅、脚等附肢易于断落，其他症状不明显，在生产中也很少见到。

**2. 白僵菌的形态和特性**　白僵菌属半知菌类，丛梗霉目，丛梗霉科，白僵菌属，学名白僵菌。白僵菌的生长发育周期分为3个阶段：分生孢子、营养菌丝与芽生孢子、气生菌丝；4种形态：分生孢子、营养菌丝、芽生孢子、气生菌丝。分生孢子发芽后形成发芽管，侵入寄主而成为营养菌丝，营养菌丝吸收寄主养分和水分不断增殖，又能产生大量单细胞芽生孢子。寄主死亡后，营养菌丝继续生长，待寄主体内营养和水分消耗殆尽，营养菌丝即在节间膜、气门等处伸出体外，形成气生菌丝，由气生菌丝分化成为分生孢子梗和小梗，最后形成新的分生孢子，完成一个生长发育周期（图4-6）。

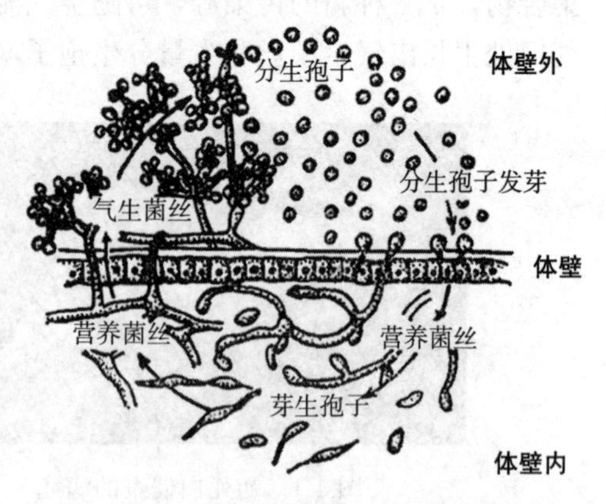


图 4-6　白僵菌寄生蚕体的发育周期模式

（1）分生孢子。分生孢子是白色球形或卵圆形，大小为（2.5～4.5）μm×（2.3～4.0）μm，表面光滑，无色，大量聚积在一起呈白色，在600倍的显微镜下面看起来大约有一粒油菜籽大小，当这种孢子接触到蚕的体壁上后，遇到适当的温湿度，就会吸水膨大发芽，从孢子一端或两端长出发芽管，然后芽管穿过体壁进入蚕体，在温度22～27℃、相对湿度80%以上时，有利于孢子发芽，经12～24h，就能侵入蚕体。

（2）营养菌丝和芽生孢子。芽管进入蚕体血液后，迅速伸长、生长、分枝，即生长成菌丝，因其在蚕体内吸收营养进行生长分枝，故称为营养菌丝。营养菌丝发育到一定程度，在菌丝分枝的顶端或两侧旁还能长出卵圆形或筒形的芽生孢子。芽生孢子为单细胞，无色，能从菌丝上自然脱落并随血液循环分布到全身各部分，在流动中又能在一端或两端发芽、生长、分枝，形成新的营养菌丝。芽生孢子具有吸收和贮藏营养物质的功能，芽生孢子是营养菌丝在蚕体内增殖的重要方式。但是，体表不见任何病斑的白僵蚕，其体内也往往不易找到芽生孢子。一般情况下，营养菌丝和芽生孢子，在病蚕死后尚未硬化前，可通过显微镜（600倍）从蚕的血液中检查到。

（3）气生菌丝和分生孢子。病蚕死亡后，营养菌丝继续从病蚕尸体中吸收水分和营养，当病蚕尸体内的营养和水分快被吸收完时，蚕体开始发硬，这时营养菌丝穿出体壁，形成一层白毛，覆盖在蚕体表面，这就是气生菌丝。气生菌丝无色，能多次分枝，并在气生菌丝上单生或簇生无数分生孢子梗。分生孢子梗呈瓶形，基部大，端部小，顶端细小部分呈“之”形弯曲，每一弯曲部位长出一个极短的小梗，每个小梗上生长着一个分生孢子，成簇的分生孢子聚集起来，在显微镜下看像一串串的葡萄，我们肉跟可见到一层白粉，孢子成熟后，可随风飘散，成为新的传染源，若落到健蚕体上则可引起传染。

在适宜的温湿度条件下，白僵病在蚕体上完成一个发育周期，即从分生孢子到形成第二代分生孢子，需要3～7d。

（4）白僵菌的代谢产物。白僵菌在生长过程中，不断吸收蚕体的水分和养分，同时分泌酶和毒素，现已发现的白僵菌毒素有两种，分别被叫做白僵菌素Ⅰ和白僵菌素Ⅱ，它们都属于环状多肽类化合物。白僵菌素Ⅰ对蚕的毒性小，白僵菌素Ⅱ对蚕的毒性大，人工饲料中含量4～8mg/kg，即可导致4龄健蚕死亡。

（5）稳定性。一般来说，白僵菌分生孢子对理化因素的稳定性是比较弱的，白僵菌在自然界中的生命力也是比较弱的。在室外无阳光直射或泥土中可存活5～12个月，在10℃以下可存活3年。在温度达32～38℃阳光曝晒下，3～5h即可杀死；90℃干热下1h杀死；湿热100℃时5min、湿热55℃时30min也能杀死；含有效氯0.2%的漂白粉在20℃下5min、1%福尔马林液20℃时5min、密度1.075g/cm$^3$盐酸30s内，均能将其杀死。

**3. 白僵病的致病过程** 白僵菌对蚕的致病能力，在各种致病真菌中是最强的，其病势也最强。白僵菌的分生孢子依附在蚕体体壁上，在适宜的温湿度条件下，经过6～8h，开始膨大发芽，长出1～2根发芽管，芽管在生长发育过程中，不断分泌出几丁质酶、酯酶和蛋白酶，这些酶共同作用可以溶解寄生部位蚕的体壁，加之发芽管在生长伸长过程中产生机械压力的共同作用，穿过体壁进入蚕体内部寄生。菌丝进入蚕体血液后开始大量吸收营养，直径迅速增粗，并不断分枝、生长，同时不断产生芽生孢子，芽生孢子不断形成和脱落，脱落后的芽生孢子随血液循环而分布全身。每个芽生孢子又可以向一端或两端发芽、伸长，产生新的营养菌丝，营养菌丝不断生长，不仅消耗大量蚕体营养，还分泌各种酶和毒素，以致蚕体血液混浊，pH上升，妨碍了血液循环，破坏了血液功能，蚕停止食桑，行动迟缓呆滞，最后麻痹、死亡。此外，感染末期的白僵病蚕，由于蚕消化液pH降低，抗菌性下降，消化道内细菌增殖迅速，4～6环节往往有软化、腐烂现象，但最终因白僵菌的大量增殖，使病蚕尸体并不腐烂而呈僵化。

蚕死亡之前，菌丝仅在血液中生长，很少侵入到其他组织器官，但在体壁表皮内层形成团块菌丝，外观表现为病斑。通常在蚕死亡24h内，菌丝侵入到其他组织器官迅速生长，首先侵入脂肪组织，然后是马氏管、神经节、丝腺、肌肉等等，最后扩展全身，但一般不侵入消化管。由于营养菌丝的迅速生长，使病蚕体内的水分被吸收和散发，从而使尸体逐渐硬化。

## 二、曲 霉 病

曲霉病是由曲霉菌寄生蚕体而引发的蚕病。在我国各大蚕区及蚕的各个发育阶段均有发生，在生产上一般以小蚕期发病较多，在多湿的环境中，熟蚕、蛹及卵期也时有发生。

**1. 病症** 曲霉病蚕因发病的龄期不同，症状也不相同。

(1) 小蚕期的病症。蚁蚕及1～2龄蚕发病，发病初期外观与健蚕无异，只是食欲减退，逐步停止食桑，静伏于蚕座下，体色发黑，体壁紧张。由于发病快，死蚕多，往往误诊为中毒病。小蚕感染后2～3d死亡，死后常在病原侵入处出现勒状凹陷，尸体表面很快长满菌丝，并长出黄绿色或褐色的分生孢子，分生孢子像朵朵小绒球，尸体一般不腐烂（图4-7）。

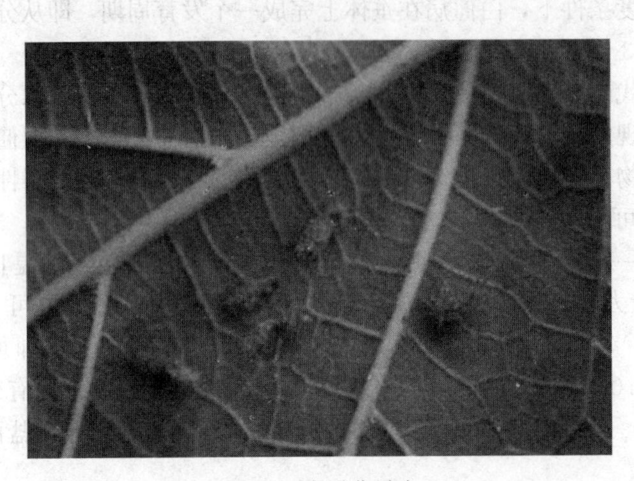

图4-7 小蚕曲霉病

(2) 大蚕期的病症。随着蚕龄的增加，曲霉病的发生逐渐下降，有时还能随着蚕眠期蜕皮而痊愈。大蚕期发病，多在体壁处出现1～2个褐色的大形病斑。病斑质硬，位置不定，多在节间膜及肛门处，病斑如在肛门处，多产生粪结，发育也特别迟缓。临死前，头胸伸出呕吐，死后，病斑处局部硬化，其他部位并不变硬而腐烂变黑褐色。1～2d后，尸体硬化部分生长出气生菌丝及分生孢子，分生孢子表面粗糙，初呈棕黄色或草绿色，后来逐渐变成深棕色或深褐色（图4-8）。

图 4-8　大蚕曲霉病

（3）蛹的病症。蛹期感染后，随着病势的发展，蛹体变成暗褐色，没有大块病斑，腹部松弛，失去活动力，慢慢死亡。死亡尸体硬化如蜡块状，节间膜处先后长出稀疏的白色菌丝和分生孢子（有时会被误诊为白僵病），蛹体干缩。如在多湿环境中，由于气生菌丝生长旺盛，菌丝能从蛹体贴近蚕茧处钻出茧层而长到蚕茧外，使这部分茧层霉烂(图 4-9)。

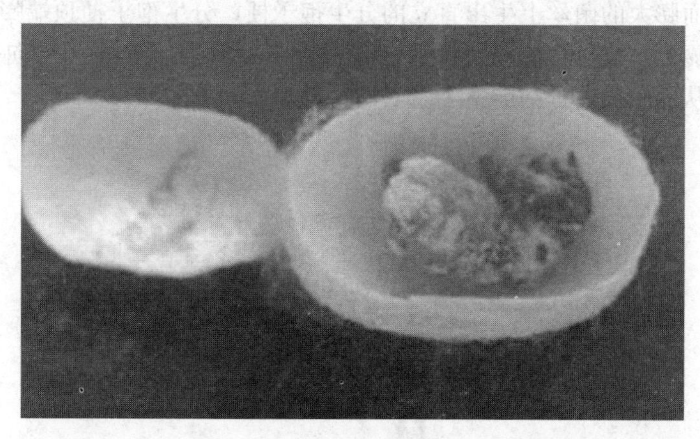

图 4-9　曲霉蛹

（4）卵的病症。蚕种保护中，如果环境过于湿润，卵面也极易为曲霉寄生而引起蚕卵表面发霉，造成卵孔被堵塞，胚胎窒息死亡，变成霉死卵。这种死卵，卵面凹陷成三角形，很快干瘪。

**2. 曲霉菌的生长发育周期及形态特征**　曲霉病的病原属半知菌类，从梗霉目，从梗霉科，曲霉菌属。已知能为害家蚕的曲霉菌有十多种，其中黄曲霉群中的黄曲霉、米曲霉、寄生曲霉、溜曲霉等对家蚕危害较大，棕曲霉群的赭曲霉对家蚕也有一定的致病性(图 4-10)。

因菌种不同，曲霉菌的性状也有所不同。在我国蚕区发生的曲霉病中，以米曲霉和黄曲霉为害最为普遍。这两种曲霉的发育和形态也很相似，发育周期也基本相同，分为分生孢子、营养菌丝和气生菌丝3个阶段。

图4-10 曲霉菌

（1）分生孢子。曲霉菌的分生孢子呈球形或卵圆形，直径在3～7μm，比白僵病菌的分生孢子大，在600倍显微镜下观察，有的分生孢子淡绿色像弹子一样光滑，有的黄褐色像杨梅一样粗糙，肉眼观察，分生孢子最初呈草绿色或淡黄色，以后逐渐加深至黄棕色或深褐色。

（2）营养菌丝。分生孢子依附在蚕体体壁上，在适合的温湿度条件下吸水膨胀，发芽后芽管可穿透外表皮，主要在体壁的真皮细胞层或皮下组织寄生，生长成为营养菌丝。营养菌丝具隔膜，细长且多分枝，无色或淡黄色，不产生芽生孢子，蚕体血液也不变混浊，只在侵入处的蚕体体壁组织中旺盛生长形成菌丝团块。但因病蚕受营养菌丝分泌的黄曲霉素及蛋白酶的作用而出现中毒症状，死亡迅速。尸体只限于病斑处硬化，其他部位易遭细菌感染增殖而腐烂变黑。

（3）气生菌丝。营养菌丝生长到一定阶段后，在病蚕尸体体壁上长出白色绒毛状的气生菌丝，并在壁厚而膨大的菌丝上生出直立的分生孢子梗，分生孢子梗顶端膨大，卵圆形或球形，称顶囊。顶囊上呈放射状或辐射状生出1～2列棒状小梗，小梗顶部向基部形成串状的球形分生孢子，从而完成曲霉菌的整个生活周期（图4-11）。

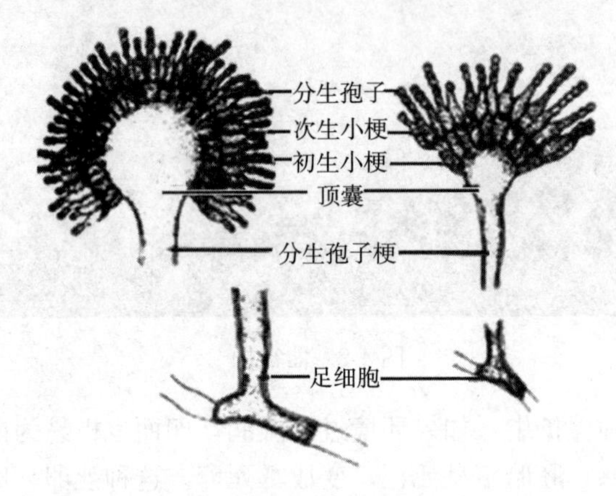


图4-11 曲霉菌结构

**3. 曲霉菌的稳定性** 曲霉菌是真菌中自然生存力最强的一种，分生孢子在自然环境中可存活一年以上，10℃以下环境中可存活5年。同时，曲霉菌有很强的腐生性，可侵入到木制或竹制蚕具、家具内部寄生。曲霉菌的抵抗力很强，1%甲醛需浸30min，含有效氯1.5%漂白粉液浸泡20min，100℃干热经60min，阳光直晒35℃需经3～6h，才能使其失去活力。有些菌株对福尔马林有较强的抗药性，往往难以彻底消毒，必须引起高度重视。

## 三、绿 僵 病

绿僵病在我国各大蚕区均有发生，在秋期或晚秋期发生较多，在春期为害极少。蚕儿从感染到发病，潜伏期较长，一般为7～8d，病程较白僵病长（图4-12）。

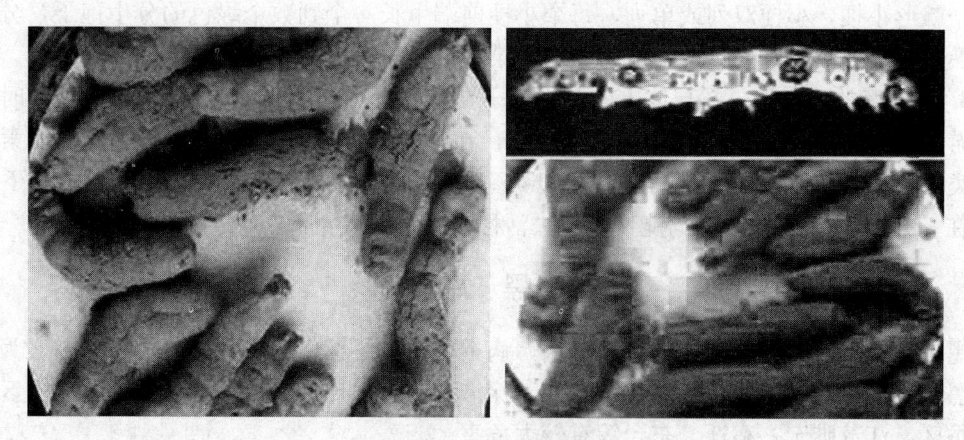

图4-12 绿僵病病蚕

**1. 病症** 家蚕感染初期无明显症状，随着病势的进展，出现食桑减少，食欲减退，行动迟缓，举动不活泼，皮肤灰白而无光泽。病势继续发展，在病蚕的腹侧或背面，常常出现不规则形状的褐色病斑，或者出现轮状或云纹状病斑，最大的病斑直径可达3～4mm，常跨越两个体节，病斑外围黑褐色较深，中间稍淡，酷似车轮，干燥且略显凹陷，也有的病斑扩散如云状。这与白僵病、曲霉病有明显的区别。死后尸体乳白，柔软而有弹性，头胸部稍微伸直，逐渐硬化，但没有白僵病蚕尸体的那种粉红色出现。死后2～3d，先后在节间膜及气门处长出白色短而纤细的气生菌丝，后遍及全身，再经6～10d在担子梗上生出鲜绿色分生孢子，使僵化的尸体覆盖一层鲜绿色的粉末。如果空气过于干燥，只能长出极少甚至不长出分生孢子，因而往往被误诊断为白僵病。眠前感染发病的蚕，体壁紧张，体色乳白发亮，很像核型多角体病。区别是绿僵病蚕体壁不易破裂，并且行动迟缓。

**2. 绿僵菌的生长发育周期及形态特征** 绿僵病的病原属于半知菌类、丛梗霉目、丛梗霉科、蛾霉属，学名绿僵菌，俗称桑蚕绿僵菌。绿僵菌的生长发育周期与白僵菌一样，也分为3个阶段，即分生孢子、营养菌丝和芽生孢子、气生菌丝。

（1）分生孢子。绿僵菌的分生孢子呈卵圆形或长卵圆形，一端稍尖，一端钝圆，膜较厚，大小（3.5～4.0）$\mu$m×（2.5～3）$\mu$m，在显微镜下观察呈淡绿色，表面光滑，大量聚集时呈鲜绿色，放置时间过长时呈暗绿色。分生孢子在多湿环境中依附在蚕体体壁上，经20h左右，吸水膨胀，再经30～40h，在分生孢子的一端或两端长出芽管，芽管逐渐伸长，侵入蚕体内寄生，形成营养菌丝。

（2）营养菌丝和芽生孢子。营养菌丝宽度2.5～3.3$\mu$m，表面无色透明。营养菌丝生长到一定阶段在蚕体血液中形成大量圆筒状或豆荚状的芽生孢子，芽生孢子有数个隔膜，大小不一，一般长4～8$\mu$m，宽4$\mu$m，远比白僵菌的芽生孢子大。绿僵菌芽生孢子和营养菌丝分离后，不断生长发育，在一端生长出卵圆形的芽生孢子，或从筒形孢子内部隔膜处直接分裂成芽生孢子，这些筒形芽生孢子发芽又成为新的营养菌丝。营养菌丝在病蚕体内大量繁殖寄生，使尸体逐渐硬化，一部分菌丝从体内扩展到体外形成气生菌丝。

（3）气生菌丝。营养菌丝穿过蚕体体壁长出气生菌丝，气生菌丝呈白色，纤细呈绒毛状，繁殖时在气生菌丝上生出有隔分生孢子梗，以主轴为中心，在分生孢子梗上轮生数个到数十个瓢形小梗，小梗双列或单列，每个小梗前端生长一个到数个绿色的分生孢子，分生孢子成熟后，脱离小梗到处扩散，成为新的传染源，再度寄生为害。

**3. 绿僵菌的稳定性** 蚕尸体上的分生孢子在室温下可存活 10 个月，低温下存活时间更长。游离的分生孢子在 20℃可存活 95d 以上，在 5℃时可存活 150d 以上，对理化因素的稳定性类似白僵菌，如在 100℃蒸气中经 3min、在 32℃日光下曝晒 5h 或在 38℃日光下曝晒 3h、在 1%甲醛液中浸 3min 均能使其失去活性。

## 四、黑尾病

黑尾病是苏北蚕区常见的一种真菌病，病蚕往往在尾部出现黑色病斑，因而称之为黑尾病。黑尾病最先在 20 世纪 70 年代末在江苏徐淮蚕区被发现，之后蔓延至整个苏北蚕区，在河南蚕区、江苏睢宁、宿迁、东台等有较大危害。

**1. 病症** 桑蚕感染初期，潜伏期较长，食欲减退，行动不活泼，病蚕有吐水、萎缩等症状，大小开差明显，易形成未蜕皮或不脱皮蚕，有脱肛现象，严重时尾部溃烂，手压蚕尾部有硬块感。排粪困难，排不正形粪或污液，病蚕死亡后 24～36h 在尸体上长出曲霉菌丝，最先在尾部尾足与背板间的节间膜处出现黑色病斑，随时间的推移病斑加大，甚至使病斑处破裂，最后形成黑尾症状(图 4-13)。

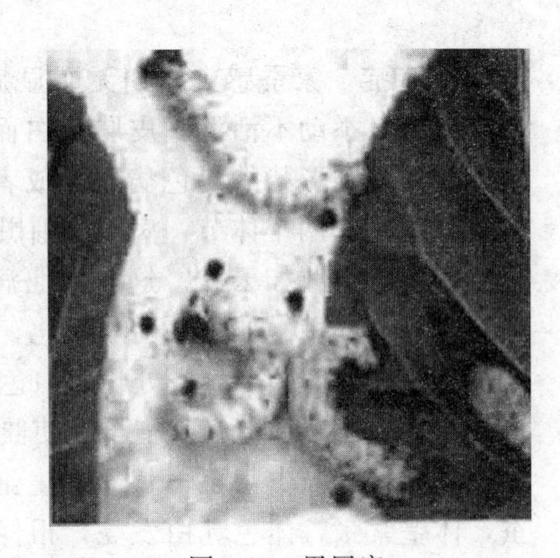

图 4-13 黑尾病

**2. 病原** 黑尾病的病原主要为曲霉菌，其次为镰刀菌。覃光星等从病蚕体内分析出两种曲霉菌：一种为蓝绿色球形小孢子，直径 2～3$\mu$m，表面棘状物短而少；在培养基上生长，菌丝体白色，分生孢子初为淡黄色，后逐渐变为黄绿色，最后整个菌落变成深绿色。另一种为黄褐色球形大孢子，直径 4～6$\mu$m（一般为 4$\mu$m，偶有 6$\mu$m 的特大孢子），表面棘状物多而长，在培养基上生长，菌丝体白色，分生孢子初为淡黄色，后变为黄绿色至黄褐色。上述曲霉菌的分类学位置有待进一步确定。

**3. 发病原因** 黑尾病的发生主要是由于曲霉孢子附着于蚕尾部肛门附近，由于肛门附近节间膜很少张开，分生孢子附着后不易脱落，加上高温多湿的环境条件，分生孢子发芽侵入蚕体引起黑尾病发生。

桑蚕尾部受曲霉菌寄生后，肛门处的肌肉收缩力变差，蚕排粪困难，蚕粪积于肛门口处不能正常排出，逐渐失水硬化，使蚕尾部手压有硬块感。此外，由于曲霉菌寄生过程中产生曲霉菌毒素，使黑尾病病蚕表现出脱肛、吐液、体缩等症状。一般发生此病则养蚕水平较差。

# 实践一　桑蚕白僵病、曲霉病、绿僵病的病症观察

## 一、实践目的

通过肉眼识别和显微镜观察，认识白僵病、曲霉病、绿僵病的病症，并能利用这些特征来诊断白僵病、曲霉病和绿僵病。

## 二、实践场所与材料

**1. 地点**　蚕病实验室。

**2. 材料工具**　显微镜、载玻片、盖玻片、接种针、酒精灯；酒精、白僵病、曲霉病、绿僵病病蚕及尸体。

## 三、实践方法与步骤

**1. 观察白僵病的病症**　以刚刚发病时观察为好。观察病症时，将学生分成若干组，各组分别取白僵病蚕若干，肉眼观察病蚕的体色、体形、体液、病斑和尸体软硬程度等。白僵菌病刚发病时没有特异的病症，尸体柔软，体色稍暗，行动呆滞，将死时排软粪、稍吐胃液，死后1～2d尸体变硬，从尸体气门、口器或节间膜处出现白色的气生菌丝，以后气生菌丝上出现无数个分生孢子。从感染到发病一般小蚕2～4d，大蚕5～6d。这个过程两个小时的实验中难以全面看到，需持续一周左右时间。在这个过程中将看到的结果写入实验报告。

**2. 观察曲霉病的病症**　肉眼观察时取曲霉病蚕及尸体从病蚕的体色、体形、病斑、尸体状态等方法认真观察。曲霉病多发生在小蚕期，感染后多伏于蚕座下，死后尸体紧张，病原孢子侵入部位出现凹状，大约一天后长出气生菌丝及分生孢子。大蚕期发病时多在节间膜处或肛门处出现1～2个褐色大病斑。临死时头胸部伸出、吐液，死后病斑周围局部硬化，其他部位不变硬而腐烂变黑，1～2d后，硬化的病斑处长出气生菌丝及分生孢子，分生孢子初呈黄绿色，后变褐色或深绿色。将观察到的蚁蚕病蚕、大蚕病蚕的病症写入实验报告。

**3. 观察绿僵病的病症**　取初死时的病蚕用肉眼观察，结合观察白僵菌、曲霉菌的发育，持续观察绿僵菌的发育过程。

绿僵病的发病比较缓慢。发病初期病症不明显，后期病蚕食欲减退，行动呆滞，腹部侧面或背面出现黑褐色不规则形状的云纹病斑，边缘褐色较深，中间较浅。刚死时病蚕尸体呈乳白色而略有弹性，头胸伸直而逐渐硬化，硬后2～3d长出气生菌丝及绿色的分生孢子。

## 四、实践注意事项

1. 观察病症时要用刚刚病死的病蚕作为观察对象，真菌病发展较慢，难以在两节实验课的时间观察全面，需持续观察一周左右。

2. 真菌病发病初期病症不明显，没有明显的病斑，注意蚕死后避免细菌感染，导致蚕体腐烂而不出现硬化。

## 五、实践小结

1. 绘制 3 种真菌病的典型病症。

2. 将观察到的病症填入表 4-1。

表 4-1　3 种真菌病蚕的病症比较

| 病类<br>病症 | 白僵病 | 曲霉病 | 绿僵病 |
| --- | --- | --- | --- |
| 体形 | | | |
| 体色 | | | |
| 粪便 | | | |
| 排泄 | | | |
| 尸斑 | | | |
| 软硬变化 | | | |
| 气生菌丝 | | | |
| 分生孢子 | | | |

# 实践二　白僵菌、曲霉菌、绿僵菌的形态观察

## 一、实践目的

认识 3 种真菌病病原各发育阶段的形态，并掌握检查技术。

## 二、实践场所与材料

**1. 地点**　蚕病实验室。

**2. 材料工具**　显微镜、载玻片、盖玻片、白僵菌种、曲霉菌种、绿僵菌种。

## 三、实践方法与步骤

**1. 白僵菌病原观察**　取事先准备好的白僵菌，制成临时标本，在 600 倍显微镜下观察分生孢子的形态、色泽，将其绘制在实验报告上；然后观察白僵菌的营养菌丝及气生菌丝，将观察到的营养菌丝、气生菌丝绘制在实验报告上。

白僵菌的发育周期为分生孢子、营养菌丝、气生菌丝 3 个阶段。分生孢子大多呈球形，个别卵圆形，表面光滑，无色，大量分生孢子聚集在一起时呈白色。在适宜的温湿度下，分生孢子一端或两端生长出发芽管侵入蚕体寄生。

发芽管侵入蚕体后形成营养菌丝，营养菌丝呈丝状，有隔膜，分枝生长，营养菌丝的前端或两侧还能长出筒形或卵圆形的芽生孢子，芽生孢子随着血液循环遍布全身，还能形成新

的营养菌丝。蚕死亡后，尸体硬化，营养菌丝伸出体外，形成气生菌丝，气生菌丝上单生或蔟生瓶状的分生孢子梗，孢子梗的顶端又生出纺锤形的小柄，每个小柄上生一个或多个分生孢子。

**2. 曲霉菌病原观察**　取事先准备好的曲霉菌，制成临时标本，在600倍显微镜下观察分生孢子的形态、色泽，将其绘制在实验报告上；然后观察曲霉菌的营养菌丝及气生菌丝，将观察到的营养菌丝、气生菌丝绘制在实验报告上。

已知曲霉菌中有十多种能寄生蚕体，但以黄曲霉和米曲霉对蚕的危害尤为普遍，两者发育周期、发育阶段基本相同，也分为分生孢子、营养菌丝、气生菌丝3个阶段。分生孢子分为球形或近球形，营养菌丝有隔膜、多分枝，不产生圆筒形孢子。营养菌丝生长到一定阶段伸出蚕体外，形成气生菌丝，再从气生菌丝上长出担子梗，梗上生长小柄，小柄上再长出分生孢子梗，小梗的顶端生成分生孢子。

**3. 绿僵菌病原观察**　取事先准备好的绿僵菌，制成临时标本，在600倍显微镜下观察分生孢子的形态、色泽，将其绘制在实验报告上；然后观察绿僵菌的营养菌丝及气生菌丝，将观察到的营养菌丝、气生菌丝绘制在实验报告上。

绿僵菌的发育周期也分为分生孢子、营养菌丝、气生菌丝3个阶段。分生孢子卵圆形，显微镜下多呈淡绿色。营养菌丝有隔膜、丝状、无色，在蚕的血液中形成大量豆荚状的芽生孢子，有数个隔膜，大小不一，远比白僵菌的芽生孢子大。蚕死亡后，营养菌丝穿过体壁即为气生菌丝，气生菌丝上形成分生孢子梗，梗上又轮生瓢形小梗，每一个小梗上生许多分生孢子。

## 四、实践注意事项

1. 观察和区分分生孢子时一定要认清白僵菌和绿僵菌的分生孢子、营养菌丝形态。
2. 注意观察和区分白僵菌和绿僵菌的芽生孢子形态。

## 五、实践小结

1. 绘制白僵菌、曲霉菌、绿僵菌的分生孢子、营养菌丝形态。
2. 如何区分白僵菌、曲霉菌、绿僵菌的分生孢子。

1. 熟悉白僵病的诊断措施。
2. 掌握曲霉病的识别方法。
3. 学会绿僵病的诊断方法。
4. 熟悉黑尾病的识别方法。

理论与实践相结合，多元化评价。考核评价内容见表4-2。

表 4-2 识别真菌病

| 班级 | | 姓名 | | 学号 | | 日期 | |
|---|---|---|---|---|---|---|---|
| 训练收获 | | | | | | | |
| 实践体会 | | | | | | | |
| 考核评价 | 评定人 | 评语 | | | | 等级 | 签名 |
| | 自我评价 | | | | | | |
| | 同学评价 | | | | | | |
| | 老师评价 | | | | | | |
| | 综合评价 | | | | | | |

## 思考练习

1. 如何正确识别白僵病及绿僵病？
2. 怎样准确诊断曲霉病及黑尾病蚕？

## 任务拓展

1. 白僵病蚕在医药上的应用。
2. 生物治虫在农业生产上的应用。

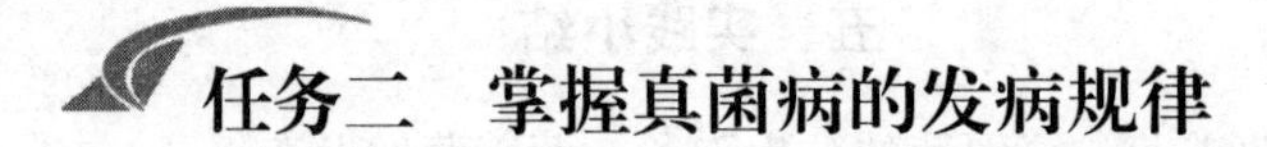

# 任务二　掌握真菌病的发病规律

## 任务目标

知识目标：了解生产上常见真菌病的发病规律。

能力目标：初步掌握真菌病的危害特点，为真菌病的防治打下基础。

情感目标：了解真菌病发生的复杂性，培养学生细心、严谨的学习态度。

## 任务描述

真菌病是蚕业生产中的一种常见病，尤其是多湿地区或多湿季节发病更为严重。由于僵病的分生孢子很轻，能随风传播，处理不好能给蚕农带来严重危害。随着蚕业科技的发展，我们已经掌握了真菌病的发生规律，真菌病的发生完全可以控制。但如果防病思想麻痹或技术处理不当，依然能导致发生重大损失。因此必须掌握真菌病的发生发展规律。

桑蚕真菌病的发生，是多种因素综合作用的结果。然而所有真菌病的发生规律大同小异，都与环境条件有着极为密切的关系。掌握了这些规律，我们就可以根据这些规律，按照“预防为主、综合防治”的方针，做好真菌病防治工作，将真菌病的危害降到最低。

## 一、传　染　源

由于白僵菌等真菌具有特殊的营养方式，其不仅能在动植物如家蚕、昆虫、等体内寄生，同时也能在有机物上营腐生生活，这样就扩大了其分布的范围，可以说分布范围极广，几乎是无处不在，特别是曲霉菌还能在竹木器材、糨糊、纸张、饲料及家禽、家畜的粪便中繁殖寄生。加上真菌孢子多在寄主尸体或有机物外部形成，数量庞大、质量轻盈，极易从分生孢子梗上脱落，可以随风飞散到很远的地方，且对不良环境有一定的抵抗能力。以白僵菌为例：每克纯净的白僵菌分生孢子数达3000亿只，可以随风飘散到各个角落，遇到适宜的环境，即可生根发芽。因此导致蚕发病的传染源也就种类繁多，具体有以下几点：

**1. 真菌病蚕尸体**　由于白僵蚕是重要的中药材，蚕农往往不舍抛弃而存放在家中，或者由于养蚕不注意，没能及时发现真菌病蚕尸体，这些病蚕尸体长出的分生孢子随风飞散，成为最重要的传染源。据调查：一条感染白僵病的5龄蚕，其尸体上产生的分生孢子数量可达200亿只。干燥后，分子孢子极易飞散，污染环境，依附到健蚕身上即能使其发病，导致蚕大量被感染发病。

**2. 蚕室周围的有机物**　蚕室周围环境卫生打扫不彻底，发生僵病的蚕沙及病蚕尸体处理不当，病菌也可以在蚕沙或其他有机物（如堆放的垃圾等）中繁殖，产生大量的分生孢子，成为真菌滋生的重要场所。如将未腐熟的蚕沙施入桑园，也会污染桑叶引起野外昆虫发病，反过来感染家蚕。

**3. 染病的野外昆虫**　家蚕真菌病的病原能广泛地感染野外昆虫，桑园中的昆虫，不管是鳞翅目、鞘翅目、半翅目都能感染真菌，患病后，这些昆虫的尸体、粪便中就会形成大量的分生孢子，这些分生孢子又随被污染的桑叶带入蚕室，成为感染蚕的重要传染源。有资料认为：蝉也是秋蚕感染真菌病的重要传染源。

**4. 大量生产并广泛使用的真菌农药**　白僵菌（也有资料显示实际为黄僵菌）是农业害虫的重要病原菌。因其生产成本低，技术简单，使用方便，效果良好，只要施用时环境条件适宜，对各种农林害虫均有很好的防治效果，且对环境影响较小，是一种理想的生物农药。但是白僵菌制剂的广泛生产和使用，却对蚕业生产带来了严重的影响。

此外，白僵蚕、白僵蛹作为药用生产时，如果隔离措施不到位，也会造成分生孢子分散，污染环境。因此，白僵蚕、白僵蛹作为药用生产时，一定要采取严格的隔离和消毒措施，避免分生孢子逸散，危害蚕业生产。

## 二、传染途径

真菌分生孢子量大质轻，能随风远距离传播，分生孢子依附在蚕体体壁，能发芽产生芽管侵入蚕体，形成接触传染；如果分生孢子依附的蚕体体壁恰巧有伤口，也能通过伤口侵入蚕体，形成伤口传染。蚕的肠道环境一般不适宜真菌的生长，尽管蚕的前肠和后肠表皮比体壁的骨化程度低，但肠道的消化酶、缺氧环境、食物通过速度快、高 pH 以及围食膜的保护等因素对真菌的侵染具有良好的抵抗作用。也有研究报道称正常昆虫的肠道细菌会产生一些抗真菌的物质。据试验，球孢白僵菌在蚕的肠道中可发芽生长，可能与该菌寄生性比较强有关。所以一般不能食下传染。也就是说，不管有无伤口，只要具有合适的温湿度，依附在蚕体表皮上的分生孢子就能发芽侵入蚕体。而当分生孢子的芽管侵入蚕体后，即使外界干燥，营养菌丝也能从蚕体内吸收水分大量生长，导致蚕死亡。

此外，对一些感染力弱的真菌，如黄僵、赤僵、绢白僵等感染后，虽然蚕体出现病斑，如恰逢蚕蜕皮，真菌可随蚕旧皮一起脱离蚕体，使病斑消失，疾病不再发展，蚕恢复健康，这种现象也称为自愈现象。

## 三、传染条件

各种依附在蚕体壁上的真菌分生孢子，其发芽、生长发育均要求一定的温湿度，温度过高过低或湿度过低，即使蚕体体壁上有分生孢子依附，也不一定能引起感染。另一方面也与蚕的品种、发育阶段有关。

**1. 温度、湿度** 真菌分生孢子的发芽与温湿度的关系非常密切。在饱和湿度下，分生孢子在10℃时开始发芽，10～28℃的范围内，随着温度的升高发芽、生长越好，但达到28℃以上生长受到抑制，达到 33℃即不能发芽，其最适宜温度是 24～28℃。不同的真菌，要求的最适宜温湿度也不相同。如绿僵菌最适宜温度 22～24℃，25℃以上对分生孢子的发芽与生长明显不利。而曲霉菌的最适温度则在 30～35℃。

由于分生孢子的生长与温度有关，表现在真菌病的发生经过也与温度有关，在适宜温度范围内，温度越高，发病越快，病程越短；反之，温度越低，发病越慢，病程越长。

在适宜的温度范围内，如在 25℃下，相对湿度越高对分生孢子的形成与生长越有利。一般认为相对湿度 98%～100%对分生孢子的发芽生长最有利，70%以下则不能发芽。由于养蚕的最适温度与真菌分生孢子的最适温度大致相同，因此养蚕生产中真菌病感染率的高低，主要受湿度的影响。当蚕座干燥，蚕室相对湿度<70%时，即使有分生孢子的存在，如同种子放在干燥的粮仓里不会发芽一样，也不一定受到感染。以白僵菌为例，其发芽、生长与温湿度的关系见表 4-3。

表 4-3 白僵菌发芽发育与温湿度的关系

| 最适湿度（相对湿度 100%） | | 最适温度（25℃） | |
|---|---|---|---|
| 温度（℃） | 病菌发芽发育情况 | 相对湿度（%） | 病菌发芽发育情况 |
| 5 | 不能发芽 | <70 | 不能发芽 |
| 10 | 稍有发芽 | 75 | 能发芽，大多数不能发育 |
| 15 | 能发芽，不能形成分生孢子 | 80 | 能发育，发育不良 |
| 20 | 能发芽、发育，但不旺盛 | 90 | 发芽、发育良好 |
| 24 | 发芽、发育良好 | 98 | 发芽、发育良好 |
| 28 | 发芽、发育良好 | 100 | 发芽、发育良好 |
| 30 | 少数发芽、发育，但不旺盛 | | |
| >33 | 不能发芽、发育 | | |

注：资料来源于《蚕病学》（浙江省嘉兴农业学校主编，1991 年）。

从表4-3可以看出：在温度24～28℃和相对湿度98%以上时，白僵菌的发芽、发育最好，温度高于33℃、湿度小于70%则不能发芽发育。

在蚕桑生产中，环境条件尤其是蚕室的温湿度对真菌病的发生有着密切的关系。蚕室低矮通风不畅或离水源过近，或采用炕床育、防干纸育等饲育形式造成多湿条件时容易感染真菌病；从季节上看，多雨季节容易染病，干燥季节发病较少。如中秋蚕由于高温干燥，对真菌分生孢子的发芽不利，因此极少发生真菌病，而春蚕及晚秋蚕期由于雨水多，湿度较高，容易引起真菌病的发生。所以在蚕桑生产过程中要综合分析真菌病发生的原因，做好预防工作，防止真菌病的发生和危害。但是，由于在蚕业生产中，蚕儿的饲育的适温与病原的生长发育适温基本一致，蚕座小环境尤其是小蚕期的相对湿度都很高，再加上为了保持桑叶新鲜，贮桑室的相对湿度也非常大，因此想依靠控制气象环境即控制温湿度来预防真菌病的发生是十分困难的。

**2. 蚕体抗性** 蚕体对真菌的抗性，因蚕的品种不同、发育阶段的不同而不同。

（1）蚕的品种。蚕对真菌的感染性，因蚕品种的不同而不同。有研究认为与家蚕体壁中的饱和脂肪酸含量有关，已有离体的试验证明脂肪酸能抑制球孢白僵菌的萌发和生长。

一般认为，品种间产生真菌感染性的差异，与蚕体壁组织中不饱和脂肪酸的含量有关，而蚕儿体质的强弱与感染性无关。因而，在同等条件下，日系僵蛹感染率（平均2.96%）高于中系（1.74%）。

（2）发育阶段。蚕体表皮的结构与真菌病的发生有着密切的关系。就孢子在蚕体表面附着情况而言，稚蚕和起蚕体壁多皱，表皮薄而粗糙，且缺少脂质，易于依附孢子和发芽管侵入，因此小蚕及起蚕容易真菌感染，随着蚕龄的增加或同一龄期中随着蚕的生长，真菌病的发生率也随之下降。但熟蚕和嫩蛹又是白僵菌和曲霉菌容易感染的阶段。

曲霉菌接触传染的发病率与蚕发育阶段的关系更为明显。在接种等量菌种的情况下，蚁蚕的发率病100%，2龄起蚕80%，3龄起蚕32%，4龄起蚕20%，5龄起蚕7.5%，熟蚕又升高为30%。

**3. 不同病原真菌的致病力不同** 一般认为，不同的真菌对蚕的致病力不同，甚至同种病原内，不同血清型的菌株之间也有很大差异。同一种真菌病原，接种量越大，感染率越高，病程也越短。

1. 掌握真菌病的各类传染源。
2. 掌握真菌病的传染途径。
3. 理解影响蚕感染真菌病的各种因素。
4. 理论联系实际，掌握真菌病的发生规律。

理论与实践相结合，多元化评价。考核评价内容见表4-4。

表 4-4 掌握真菌病的发病规律

| 班级 | | 姓名 | | 学号 | | 日期 | |
|---|---|---|---|---|---|---|---|
| 训练收获 | | | | | | | |
| 实践体会 | | | | | | | |
| 考核评价 | 评定人 | 评语 | | | | 等级 | 签名 |
| | 自我评价 | | | | | | |
| | 同学评价 | | | | | | |
| | 老师评价 | | | | | | |
| | 综合评价 | | | | | | |

## 思考练习

1. 真菌病能食下传染吗？为什么？
2. 为什么说不能完全依靠改变气象条件来预防真菌病？
3. 真菌病的发生有哪些规律可为防治工作提供依据？

## 任务拓展

对蚕业生产中出现的白僵蚕应如何处理？

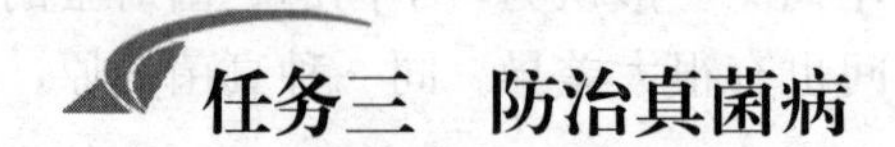

# 任务三　防治真菌病

## 任务目标

知识目标：了解生产上常见真菌病的传染源以及消灭传染源的方法。

能力目标：对蚕业生产上常见真菌病进行正确防治。

情感目标：培养学生树立一丝不苟的钻研精神和学好防治真菌病的信心。

## 任务描述

通过对真菌病发生规律的学习，我们得知：由于真菌分生孢子具有量大质轻的特点，同时分生孢子不仅能寄生在动植物体内，还能在有机残体上营腐生生活，且能随风传播，因此真菌病的传染源分布十分广泛。其发生虽与蚕室小环境的温湿度有很大关系，但由于真菌病的最适温湿度与蚕的最适温湿度大致相同，所以又不能完全依靠改变气候条件来预防真菌病。真菌病的传染途径主要是接触传染，是否发病与蚕的健康状况关系不大，而与蚕的品种尤其是蚕的发育阶段关系密切。掌握了这些规律，我们还需要利用这些规律，采取预防为主、综合防治的原则，采取有效的措施进行预防，并且在发生真菌病后能采取正确的应急措施，有效控制病情的蔓延。

## 应知理论

从真菌病的发病规律中，我们认识到真菌病的发生，一定要具备3个条件，一是有真菌存在；二是真菌孢子依附在蚕体表面；三是蚕室的气象条件适合真菌的发芽和生长。根据真菌病的发生规律和我国桑蚕生产的特点，在蚕业生产中必须根据这3个条件采取以下几方面的措施。

### 一、严格消毒，最大限度地减少病原

由于真菌的分生孢子质轻量多，可随空气流动而四处扩散，为消毒工作增加难度，不可能一劳永逸，必须高度重视，时时注意，把消毒工作贯穿于整个蚕期。

**1. 养蚕前对蚕室、蚕具消毒**　各种真菌孢子除曲霉菌外，对于现用的养蚕消毒药物抗性较弱，能被轻易杀灭，所以消毒过程不论是熏蒸或是液体消毒，效果均很好。如用毒消散、优氯净及硫黄熏烟法等均能有效地杀灭蚕室及蚕具上的白僵菌孢子。但它数量多、分布广，消毒时必须注意全面消毒，不留死角，特别是鹅毛、蚕筷、盖桑布、除沙网等小蚕具，绝不能漏掉；蚕室周围堆放的垃圾及时清理；小蚕室蚕具提倡二次消毒，以提高杀灭效果；消毒时要尽可能让药剂进入到蚕具。先打扫清洗后消毒，以防消毒后被再次污染，熏烟消毒时要尽可能密闭门窗，蚕具的堆放不能过密，以利于烟雾通入。蚕室消毒后要通风排湿，蚕具利用日光曝晒，防止竹木蚕具发霉，甚至养蚕用的糨糊也要加上防腐剂。

对于一些养蚕集中的专业村，最好全村能统一行动，统一打扫，统一清洗，统一药品，统一标准，统一消毒等，提高消毒效果。

**2. 养蚕过程中对蚕体、蚕座消毒**　养蚕过程中，由于人员的进出、桑叶的携带、随空气飘入、消毒不彻底等原因，蚕室内仍有真菌存在。因此，为了确保蚕座安全，在蚕的易感期特别是蚁蚕、各龄起蚕、熟蚕和初蛹（复眼着色之前）等4个易感时期，必须加强蚕体蚕座消毒。消毒药剂主要有防病1号、优氯净防僵粉，也可以用含有效氯0.5%的漂白粉液体喷，一般每平方米用50mL体喷，喷后经过5～10min，当蚕互相抓爬，使药物布满全身后，再行给桑。一般情况下，蚁蚕及各龄饷食前消毒一次即可，但因天气潮湿，或已有本病发生时，必须每日消毒1～2次，连续消毒2个龄期，直至确无病蚕出现为止。

**3. 5龄起蚕、熟蚕及蛹体消毒**　由于蚕四眠时多采用自然温湿度，加之四眠时间长，如遇到多湿天气，极易感染真菌病。所以四眠到5龄起蚕期间如遇阴雨天气，一定要注意加强分批消毒和饷食。熟蚕期由于蚕要大量排尿，造成营茧环境非常潮湿，蔟具如果消毒不彻底，也极易导致蚕感染而成为僵蛹，不仅影响蚕茧产量和品质，对蚕种生产的影响更大。所以对熟蚕的消毒也应特别重视。

僵蛹对蚕种生产的危害非常大，为了减少僵蛹的发生，一般都采取推迟削茧以减少蛹体

接触真菌机会的方法。由于很多蚕在蔟中营茧时已感染了真菌，导致僵蛹发生率较高。针对这种情况，除做好熟蚕和蔟具消毒工作外，对早采的蚕茧应避免堆积存放，尽可能摊开通风排湿。蛹体消毒尽可能不用硫黄熏烟，以免造成蚕蛹气门灼伤而不能羽化。对熟蚕，可以在上蔟前用防病1号进行蚕体消毒；对蚕蛹，可以采用福尔马林液拌焦糠的办法，衬在蛹体下面熏烟消毒。

蚕业生产过程中，多采取以下4种方法来消灭真菌病病原：①烟熏法：通常用优氯净熏烟。每立方米蚕室用药1g，关闭门窗后点燃发烟后，密封30min，即可开窗换气。如果防僵药剂一时缺乏，也可用松针或木屑、稻草、谷壳等进行烟熏；还可以按每立方米蚕室容积，用干燥木材10～15g，采取不完全燃烧的方法，尽量多产生烟雾，并充满蚕室，保持1h后，再将烟排出即可。②撒药法：对蚁蚕和各龄起蚕，可用蚕座净、敌僵粉或防病1号，进行蚕体、蚕座消毒。在多湿天气或蚕真菌病已发生时，每天使用一次。其方法是：在饷食前或给新桑前，将药撒下，5～10min内给桑。注意蚕座净不能与石灰等碱性物质混用。③体喷法：壮蚕期内的蚕，如果发生真菌病，可用抗菌剂420体喷防僵。方法是：将抗菌剂420兑水稀释成20倍液，均匀地喷到蚕体、蚕座上，然后加网给桑除沙。在喷抗菌剂420的过程中，不能与石灰等碱性物质接触，否则，会影响药效。④浸网法：可以结合除沙，用抗菌剂420浸渍除沙网，以达到防治蚕僵病的目的。

## 二、及时处理病死蚕尸体及排泄物

科学及时处理病蚕尸体及排泄物，是防止病原扩散与滋生的重要途径。病蚕及病虫的尸体、排泄物一经发现立即烧毁或放入消毒盆中。由于白僵蚕、黄僵蚕是重要的中药材，蚕区常有小贩收购，蚕农往往会加以收集，这是非常不好的，应指导蚕农正确处理。对蚕沙等废弃物要及时沤制堆肥，使其充分发酵腐熟，绝对不能在蚕室周围摊放或摊晒。发生真菌病后的蚕具应烧毁或彻底消毒后方能再次使用。

## 三、加强桑园害虫防治工作

大量试验表明，桑园害虫多少与蚕病的发生正相关。害虫越多，蚕病的发生也越多。桑园害虫患病后，其尸体、排泄物等附在桑叶上混入蚕室而导致蚕病的发生。所以，必须加强桑园病虫害的防治工作，防止桑园害虫感染真菌后，污染桑叶及蚕室环境，减少蚕遭受感染的机会。

## 四、加强饲养管理，勤用干燥材料

虽然蚕感染真菌与蚕的健康程度关系不大，但是加强饲养管理，避免高温多湿的蚕室环境对防治真菌病还是有一定帮助的。一要注意蚕室湿度调节，勤除沙，遇到连阴雨天气潮湿，更应注意排湿和蚕体消毒，不要等出现了问题，才采取措施，以免遭受不应有的损失。二要严格控制湿度，大蚕期相对湿度最好控制在75%以下，抑制孢子发芽。

## 五、防止真菌农药污染

在蚕区或蚕区边缘地区禁止生产、使用真菌农药治虫，也不能将施用过真菌农药的稻草、麦秆等用于蚕业生产，如必须使用时，需经过彻底消毒才能使用。

## 应会技能

1. 掌握各种防治真菌病的药剂性能和使用注意事项。
2. 掌握真菌病传染源的消毒方法。
3. 掌握如何预防蚕真菌病的发生。
4. 掌握发生真菌病后，采取应急措施进行处理的方法。

## 任务考核

理论与实践相结合，多元化评价。考核评价内容见表 4-5。

表 4-5 防治真菌病

| 班级 | | 姓名 | | 学号 | | 日期 | |
|---|---|---|---|---|---|---|---|
| 训练收获 | | | | | | | |
| 实践体会 | | | | | | | |
| 考核评价 | 评定人 | 评语 | | | | 等级 | 签名 |
| | 自我评价 | | | | | | |
| | 同学评价 | | | | | | |
| | 老师评价 | | | | | | |
| | 综合评价 | | | | | | |

## 思考练习

1. 如何有效地预防真菌病？
2. 发现真菌病如何采取应急措施？

## 任务拓展

1. 如何化解白僵蚕作为中药材与防治真菌病的矛盾？
2. 如何化解白僵菌生物治虫与蚕业生产的矛盾？

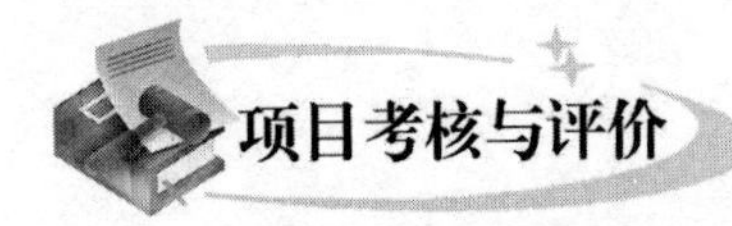

## 项目考核与评价

本项目的考核内容：

1. 正确认识各种真菌病尤其是白僵病的典型病症，在养蚕实习中能够正确识别。

2. 理解真菌病的发生规律以及防治方法，结合养蚕实习，掌握防治真菌病的方法。

考核方式主要以参与项目任务的学习实践成效来评价，突出项目任务实践活动的方案、过程、作品及总结等，兼顾学习态度、知识掌握、团队合作、职业习惯等方面进行综合评价。坚持评价主体的多元化，通过自我评价、同学互评、教师评价及师傅评价等方式评定学习成绩。评价结果分为优秀、良好、合格、不合格4个等次，对于不合格的不计入项目学习成绩，要重新学习实践，确定通过评价取得合格以上成绩（表4-6）。

**表4-6　项目考核方法与评价标准**

| 项目名称 | 识别和防治真菌病 | | | | | | | | | | | | |
|---|---|---|---|---|---|---|---|---|---|---|---|---|---|
| 评价项目 | 考核评价内容 | 自评 | | | 互评 | | | 师评 | | | 总评 | | |
| | | 优秀 | 良好 | 合格 | 优秀 | 良好 | 合格 | 优秀 | 良好 | 合格 | 优秀 | 良好 | 合格 |
| 学习态度（20分） | 评价学习主动性、学习目标、过程参与度 | | | | | | | | | | | | |
| 知识掌握（20分） | 评价各知识点理解、掌握以及应用程度 | | | | | | | | | | | | |
| 团队合作（10分） | 评价合作学习、合作工作意识 | | | | | | | | | | | | |
| 职业习惯（10分） | 评价任务接受与实施所呈现的职业素养 | | | | | | | | | | | | |
| 实践成效（40分） | 评价实践活动的方案、过程、作品和总结 | | | | | | | | | | | | |
| | 综合评价 | | | | | | | | | | | | |
| 改进建议 | | | | | | | | | | | | | |

## 项目小结

通过本项目的学习和实践，我们知道，真菌病是常见的传染性蚕病之一，其发生是由致病真菌依附于蚕体表皮，在适宜的温湿度下，分生孢子发芽侵入蚕体寄生而引起的。我们已经学会了识别桑蚕真菌病的症状，掌握了真菌病的发生规律和诊断技术，熟悉了真菌病的预防和治疗措施。

# 项目五

# 微粒子病识别和预防

## 项目导学

微粒子是原生动物的一种，原生动物是许多单细胞真核生物的总称。原生动物简称原虫，因此有些资料上也将微粒子病称为原虫病。原虫是动物界中最原始的类群，在自然界中分布很广，主要生活在水及潮湿的土壤中，绝大多数营寄生生活。原虫种类很多，现代分类学中将原生动物分成 5 个亚门，即有毛根足虫亚门、真孢子虫亚门、微孢子虫亚门、黏液孢子虫亚门、真孢子虫亚门。

很多种原生动物都能寄生蚕体而引起的蚕儿发病，其中以微孢子虫亚门的微粒子虫对蚕业生产的危害最大，由微粒子虫寄生蚕体而引起的蚕病称为微粒子病。该病被所有养蚕国家和地区列为蚕种生产中唯一检疫对象，1845—1865 年，在法国、意大利、西班牙、叙利亚等欧洲国家相继流行，曾使欧洲蚕业生产遭受沉重打击。通过本项目的学习，我们要学会识别家蚕微粒子病的症状特点，掌握微粒子病的发病规律和诊断技术，掌握微粒子病的防治措施。

## 任务一　识别微粒子病

### 任务目标

知识目标：理解微粒子在生物分类学中的地位；理解微粒子病在蚕业生产尤其是蚕种生产中的危害，加深对桑蚕微粒子病发生以及危害的认识。

能力目标：掌握微粒子病的危害特性，初步掌握微粒子病的症状特点，为微粒子病的识别与诊断打下基础。

情感目标：了解微粒子病对蚕业生产的严重危害，增强学生学好微粒子病的动力。

### 任务描述

熟悉微粒子病蚕、蛹、蛾、卵的病症，学会用肉眼观察、显微镜检查来诊断桑蚕微粒子病。了解桑蚕微粒子病病原的分类学地位、病原形态、构造、发育周期、增殖及稳定性。熟悉主要组织器官的病变（如丝腺、消化管、体壁、生殖细胞等）、致病过程及致病作用。

## 应知理论

微粒子病是一种非常古老的蚕病，我国早在元代（1273年）《农桑辑要》中就有详细记载。在国外第一次流行发生于1845年的法国，后来传到意大利、叙利亚、西班牙等国，给欧洲的蚕业生产造成毁灭性灾害，1865年使法国及意大利的蚕业生产陷于绝境。1865—1870年，法国微生物学家巴斯德对桑蚕微粒子病进行一系列的研究，终于查明该病是由微生物寄生引起，本病的传染是通过卵或蚕食下微粒子孢子而染病。他首创袋制蚕种、消毒养蚕、母蛾镜检、剔除病蛾卵、提供无病优质蚕种等一整套防治微粒子病的方法，为微粒子病的有效防治奠定了基础。法国、日本等国在20世纪初对微粒子病也进行了一系列的研究，为预防微粒子病积累了经验。

新中国成立前，微粒子病在我国也很流行，是严重危害蚕业生产的蚕病之一。新中国成立后，通过广大蚕业科技工作者的不懈努力，在生产中也逐步积累了不少经验，制订了一系列的预防措施，建立了一整套完善的原蚕繁育制度和监管制度，有效地控制了本病的发生。但仍需加强重视，稍有疏忽，就会导致严重危害。

### 一、病　　症

微粒子病是桑蚕在每个发育阶段都可能发病的典型慢性病。在桑蚕不同的发育阶段表现出不同的病症。蚕期发病的群体症状主要表现为：蚕发育不齐，大小不一，迟眠蚕和半蜕皮蚕多。患病较轻的蚕往往能正常食桑、发育、上蔟、结茧、化蛹、羽化、交配和产卵。

**1. 蚕期的病症**　微粒子病随着蚕龄期的不同，也有不同的症状表现。

（1）小蚕期的病症。胚种传染的蚁蚕，一般收蚁3d还不疏毛，体色暗黑，发育缓慢，体躯弱小，重病蚁蚕在龄中死亡，轻病蚁蚕可以生活到2龄、3龄。食下感染的蚁蚕，病症与胚种传染相似，但一般很少能入眠或进入2龄；患病较轻的蚁蚕能进入2龄、3龄，但多出现迟眠、迟起或不眠蚕，发育极慢，龄期经过非常长。2、3龄感染的蚕，轻者可以发育到壮蚕期才发病（图5-1）。

（2）大蚕期的病症。大蚕期发病表现出不同的症状，如斑点蚕，病蚕皮肤上常出现无数小黑斑，多出现在腹足、胸足、尾角、气门等处，黑斑轮廓不正，大小浓淡不一，像胡椒末一样，故蚕农又称之为“胡椒病”“黑痣病”，欧洲系统的蚕品种病斑出现比较明显，中系及多化性品种则较小。病斑产生的原因是这些部位的血液循环较慢，方便微粒子孢子稳定寄生所致；起缩蚕，在各龄响食后2～3d仍不见长大，表皮缩皱，胸部也不见丰隆，体色常呈铁锈色，常见于4～5龄蚕；半蜕皮蚕，由于患病蚕体质虚弱，蜕皮困难，往往成为半蜕皮蚕，

图5-1　小蚕期微粒子病蚕

当然也常因不能完全蜕皮而死于眠中。现行的二化性和多化性品种中，发生微粒子病后，病斑比较少见，但常见半蜕皮蚕、不蜕皮蚕和封口蚕（图 5-2 至图 5-5）。

图 5-2　不蜕皮蚕或半蜕皮蚕

图 5-3　焦尾、病斑蚕

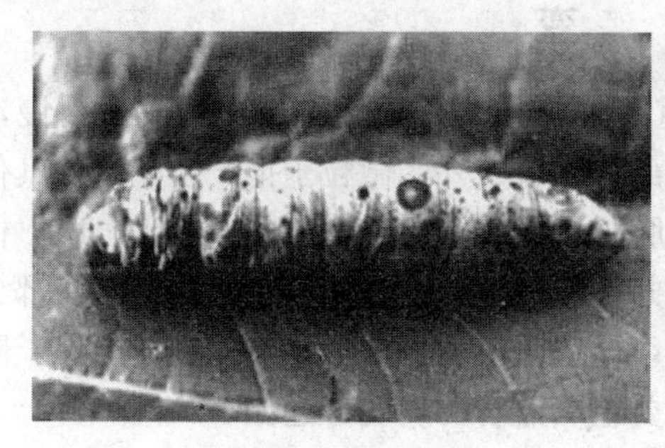

图 5-4　胡椒斑蚕

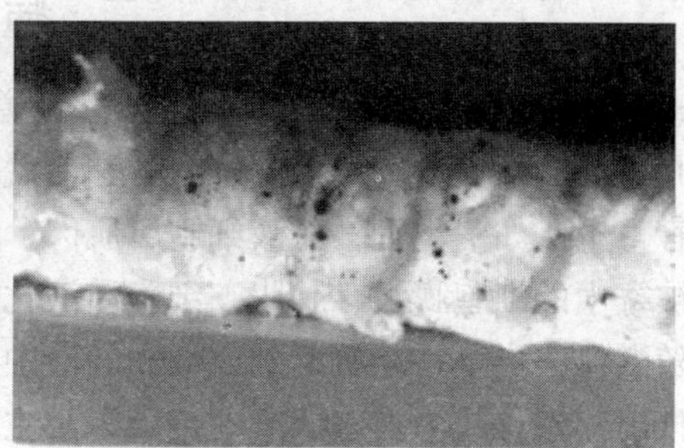

图 5-5　放大后的微粒子病蚕

（3）熟蚕的病症。由于蚕绢丝腺受微粒子孢子寄生为害，患病蚕的绢丝腺出现许多脓疱样小点，呈不透明的乳白色。因此，患病蚕多不能营茧，病蚕上蔟后在蔟中徘徊，漫然吐丝，吐平板丝或结薄皮茧或不正形茧，也有的不吐丝成为落地蚕及裸蛹，尸体不易腐烂变色。

**2. 蛹的症状**　壮蚕期感染的病蚕，往往能正常营茧和化蛹，只是茧形不正，茧小、皮薄。病蛹表皮无光泽，颜色暗淡，体壁常出现点状黑斑。有的腹部松弛，收缩无力，对刺激反应极差，体壁容易破裂。但患病较轻的病蛹无任何症状表现，能正常羽化、交配、产卵。

**3. 蛾的病症**　患病较轻的病蛾无明显异常，可正常交配、产卵。患病较重的羽化时间长，常表现出拳翅、黑足、焦尾、秃蛾、大肚等症状。病蛾交配能力差，产卵不正常，卵数较少，黏附力差，极易脱落。但患病轻的蚕蛾与正常蛾不易区分（图 5-6）。

图 5-6　微粒子病蚕（蛾）及卵

（1）拳翅蛾。羽化后长时间不能展翅或不能完全展翅，有的翅脉上出现有黑斑或水泡。

（2）秃蛾。病蛾羽化后鳞毛脱落，胸部、腹部光秃无鳞毛，有的腹部鳞毛变成焦黄色。

（3）大肚蛾。大肚蛾是微粒子病蛾的典型症状，表现为腹部膨大、伸长，有的腹部甚至较正常蛾长 1/3，各环节松弛而节间膜凸起，收缩无力，节间膜呈乳白色或略呈浅蓝色，从节间膜处可以透视到腹内的卵粒。

**4. 卵的症状** 重病蛾产的卵，大小不一，卵形不正，有各种畸形，卵涡凹陷的形状与深浅不一。病卵排列不齐，有重叠卵，病卵依附性差，容易脱落，死卵及不受精卵多。点青、转青期参差不齐，催青末期死卵多，孵化率低且不齐，最后孵化的发病率较高。有的病卵虽能发育成蚁蚕，但不能孵化或孵化途中死亡。患病较轻的蚕蛾所产的卵与正常卵无差异，能正常孵化。

## 二、病　　变

在寄生过程中，微粒子原虫可通过消化道而感染，只是致病作用弱，发病缓慢，病程长。除几丁质的外表皮、气管的螺旋丝和前后部消化管壁外，微粒子孢子还能侵入其他所有组织器官寄生，如消化管、血液细胞、肌肉、脂肪、马氏管、气管、丝腺、生殖腺、体壁等组织。被寄生的细胞膨大、肿胀，细胞质液化并呈乳白色，不透明，细胞核缩小，部分细胞破裂后随微粒子孢子一起游离到血液和肠液中，导致血液稍显混浊；消化道内的孢子随同粪便一起排出体外，成为蚕座感染的传染源。主要组织器官的病变分述如下：

**1. 消化管的病变** 微粒子孢子在消化道内发芽，然后侵入上皮细胞寄生增殖，被感染的细胞内充满孢子，肿胀，乳白色，突出于肠腔。随着微粒子的不断增殖，被感染细胞越来越多，消化管失去分泌肠液和吸收营养的功能；严重时，消化管呈乳白色，容易破裂。在孢子感染 3d 后，中肠的前部和后部形成黑色斑点，斑点的数量不断增加，形状也不断增大，约 5d 后，黑斑周围会变成白色轮状，且会进一步扩大。而前肠、后肠均看不到黑色的病斑。一些报道认为，这些病斑部位有血球积聚，由于有利于黑色素沉积而形成，认为这是蚕体防御反应的结果。

**2. 丝腺的病变** 在各种组织器官的病变中，丝腺的病变最为明显。丝腺的各部位细胞均可被寄生，寄生后在透明的丝腺上，肉眼可见许多脓疱状小突起，白茧种蚕为乳白色，黄茧种蚕为黄浊色。丝腺内腔充满液状的丝蛋白，不适于微粒子的寄生，所以微粒子只寄生在丝腺细胞中，不能进入腺腔。丝腺细胞被寄生后，分泌绢丝物质的功能减弱或丧失，因此，重症微粒子病蚕多不结茧或仅结薄皮茧（图 5-7）。

**3. 生殖细胞的病变** 微粒子原虫能侵染到卵巢外膜、卵母细胞、滋养细胞、睾丸外膜及精母细胞等。卵巢和睾丸膜被寄生后，变成乳白色或浊色，表面生长出很多点状小疣。卵母细胞被寄生是导致胚种传染的根源。由于精子的直径少于微粒子孢子，所以雄蛾患病不能引起胚种传染。

**4. 血细胞的病变** 微粒子主要侵染颗粒细胞、原血细胞及浆细胞。经口食下后 2～3d 可在血细胞中形成裂殖子，4～8d 后形成孢子。用吉姆萨氏染料染色，可以观察到被寄生的血细胞着色性减弱，体积膨胀（直径可达 32～54$\mu$m），最后崩溃，孢子悬浮在血液中，严

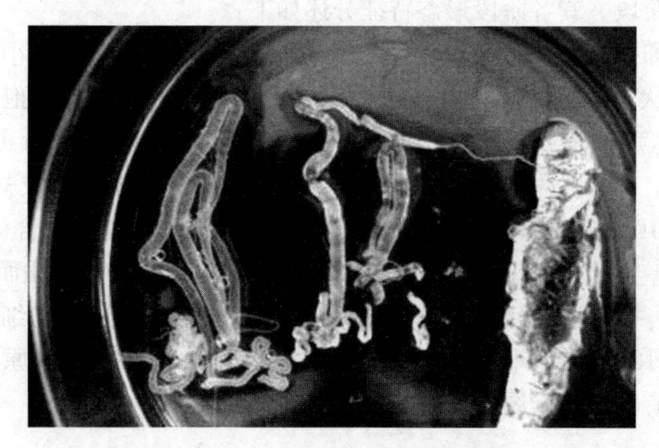

图 5-7 微粒子病蚕的丝腺与健蚕丝腺对比

重时使血液混浊。

**5. 肌肉组织的病变** 在肌肉内寄生的微粒子虫，在增殖过程中是沿着肌纤维的方向寄生的。肌肉组织中的肌质大部分液化形成空洞，最后仅存一些离散的肌核和残破的神经末梢，肌肉附近的结缔组织也同样受到破坏。因此，病蚕表现为行动迟缓、不活泼，体躯瘦小、萎缩；病蛾表现为交配能力低、腹部环节收缩力弱。

**6. 体壁的病变** 微粒子原虫侵入到蚕体体壁及真皮细胞后，经过不断增殖，使真皮细胞膨胀破裂形成空洞。在这个过程中，由于蚕体本身防御机能的反应，血液中的颗粒细胞包围微粒子孢子，且相互扭结成堆，形成褐斑，这些褐斑常被新生的真皮细胞填补覆盖，形成一个囊状物。因此，在蚕体外表上可以看到许多胡椒状的小褐斑，这种黑褐色斑点可因蜕皮而消失，但蜕掉的皮中残存有微粒子孢子。

**7. 马氏管的病变** 马氏管管壁细胞被寄生后呈乳白色或淡黄色，产生许多点状的小突起，增加许多弯曲，引起尿酸排泄困难。也有的马氏管与中肠肠壁上的黑斑贴近，常发生粘连甚至愈合。

**8. 脂肪组织的病变** 脂肪组织被寄生后膨大变形，组织间的联络松弛甚至崩溃，崩溃的脂肪组织悬浮于血液中，也是导致血液混浊的原因之一。

**9. 神经组织的病变** 微粒子原虫侵入到神经节后，神经节由原来的淡紫色变成紫褐色或乳白色，有时，神经丝上还会有乳白色肿瘤状的小突起。微粒子虫只寄生在神经的外皮组织和神经细胞中，内皮组织则不被寄生。

**10. 气管组织的病变** 微粒子虫侵入到气管细胞后，气管细胞膨胀，颜色变成灰白色或淡黄色，失去弹性而脆弱易断。

## 三、病　原

**1. 名称及分类学地位** 微粒子病的病原是一种原生动物。分类地位属于原生动物门，微孢子虫亚门，微孢子虫纲，微孢子虫目，微孢子虫科，微孢子虫属，学名 Nosema bombycis Naegell。原生动物是许多单细胞真核生物的总称，简称原虫，因此，微粒子病的病原也称微粒子原虫。

**2. 生长发育周期及特征** 微粒子原虫的生长发育周期有孢子、芽体、裂殖子、孢子芽母细胞等 4 个发育阶段。其各阶段形态特征分述如下：

（1）孢子。长卵圆形，大小（3～4）μm×（1.5～2.5）μm，其大小在一定范围内相对稳定，多呈大米粒状，也有极少数呈球形、梨形、纺锤形（图 5-8）。孢子本身无色，有明亮的折光，在显微镜下观察呈淡绿色，由于密度较大（1.3～1.35g/$cm^3$），常沉在待检标本的下层，无运动器，单细胞构造。孢子最外层为孢子壁，也称皮壳或被膜，厚约 0.5μm，分 3 层，即外膜、中层膜及内膜，耐弱酸和碱。孢子前端是极囊，包含极帽、极丝和极体。极帽在顶端与孢子壁连接，呈锚状。极丝一端从极帽伸出，绕过原生质而达到孢子后部，倾斜的螺旋状缠绕 12～13 圈。极丝的另一端与孢子原生质相连。极丝为细长的中空管，直径约 0.1μm，长度约 124μm，与极帽相连的一端中有小孔，称为极孔。原生质在成熟孢子的中央，呈腰带状，有两个核（图 5-9）。

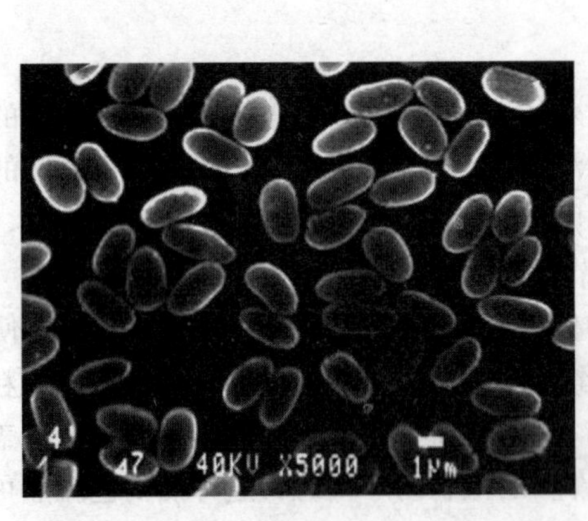


图 5-8　电镜下的微粒子孢子

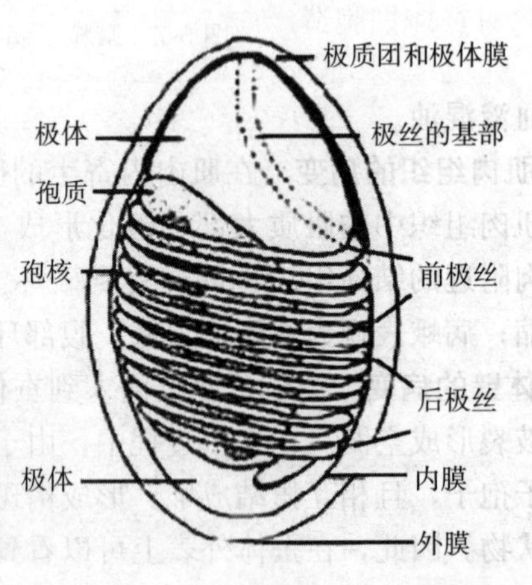


图 5-9　微粒子的孢子结构

当活孢子随桑叶进入桑蚕消化道，受强碱性消化液的作用，迅速吸收水分而膨胀，极丝受到压力而弹出，并嵌入中肠上皮细胞，孢子原生质迅速地通过中空的极丝而释放出来。极丝具有很强的贯通力，能把孢子原生质注入寄主细胞内。极丝起了将孢子原生质直接导入寄主细胞的作用。孢子则成为空壳，随粪便排出体外。

（2）芽体。孢子通过极丝送出的原生质，两核融为一体后，成为芽体。芽体呈圆形，大小为 0.5～1.5μm，具有单核，有折光性，含有丰富的 DNA。芽体侵入中肠上皮细胞后即在其中定位，并不断地分裂增殖，变成裂殖子。侵入到体腔的芽体，可直接进入血细胞寄生，并在其中形成"感染细胞"，成为二次感染其他组织器官的病原。

（3）裂殖子。芽体在寄主细胞中定位后，形成被膜，称裂殖子。裂殖子为卵圆形，大小为 1.5～3μm。裂殖子可以分泌多种酶，分解寄主细胞的养分供其增殖。裂殖子可以被吉姆萨氏染料染色，染色后，细胞质变成蓝色，细胞核则变成红色。裂殖子以二裂法增殖，可以观察到哑铃状的分裂过程，分裂后形成孢子芽母细胞。也有人认为裂殖子要经过减数分裂才能形成芽母细胞。

（4）芽母细胞。裂殖子充满寄主细胞后，由于增殖空间受限，形成肥厚被膜，即成为孢子芽母细胞。芽母细胞进一步演化成多层的孢子壁，出现极囊、极丝等内部结构，最后形成单个孢子。

## 四、致病过程

随同桑叶一起被蚕食下的微粒子孢子，在碱性消化液的刺激下而发芽，没有发芽的孢子随粪便排出体外。发芽后的芽体通过极丝等侵入上皮细胞，一部分通过上皮细胞间隙进入体腔，随血液循环侵染到各个组织器官，穿过细胞膜进入细胞内寄生，成为裂殖子。裂殖子在寄主细胞内吸收养分，体积增大，分裂增殖。最后被寄生的细胞膨大破裂，将孢子散出。

微粒子原虫对蚕的危害主要是吸收蚕的养分。微粒子孢子在蚕体内大量增殖，不断吸收和消耗蚕体养分，使蚕缺乏养分，使蚕发育缓慢；裂殖子侵入蚕体细胞后分泌某些蛋白酶，使细胞内容物溶解、液化，形成空洞，从而引起蚕体生理机能障碍；再加上由于裂殖子的大量增殖，对蚕体细胞造成机械的破坏，使细胞破裂、解体。目前，尚未发现微粒子原虫对蚕产生特异性的毒素，因此，微粒子原虫致病过程比较缓慢，是一种典型的慢性病。

## 五、稳　定　性

微粒子孢子对环境有较强的抵抗力，稳定性好。在干燥的蛾体内保存 3 年仍不失活；将病蚕尸体放于室内阴暗处 7 年不失活；在水中浸泡 5 个月、堆肥中 7d、液肥中 20d、人尿中 3 个月、夏天土壤中 2 个月、39℃直射阳光曝晒 5h，微粒子孢子均不失去感染力。现行消毒剂中的蚕季胺、蚕康宁等对微粒子孢子都没有良好的杀灭效果。微粒子孢子经兔、鸡等食下后，随其粪便排出体外后，对蚕的致病力与新鲜孢子几乎没有区别。各种理化因素对蚕微粒子孢子的杀灭效果见表 5-1。

**表 5-1　各种理化因素对桑蚕微粒子孢子的杀灭效果**

| 处理方法 | | 处理条件 | | | 杀灭效果 |
|---|---|---|---|---|---|
| | | 浓度（%） | 温度（℃） | 时间（min） | |
| 纯化孢子 | 日光 | | 39～40 | 420 | 灭活 |
| | 干热 | | 110 | 10 | 灭活 |
| | 湿热 | | 60 | 15 | 灭活 |
| | 沸水 | | 100 | 5 | 灭活 |
| | 蒸汽 | | 100 | 10 | 灭活 |
| | 优氯净 | 0.64（有效氯） | 25 | 30 | 灭活 |
| | 漂白粉液 | 0.5～1（有效氯） | 25 | 30 | 灭活 |
| | 甲醛液 | 1～2 | 25 | 30 | 灭活 |
| | 盐酸 | 30 | 30 | 10 | 灭活 |
| 病蚕尸体内孢子 | 漂白粉液 | 1（有效氯） | 25 | 30 | 不灭活 |
| | 甲醛液 | 2 | 25 | 25 | 不灭活 |

# 实践一　微粒子病的病症和病变观察

## 一、实践目的

通过肉眼观察，认识微粒子病蚕、蛹、蛾、卵的主要病症和病变，并掌握利用这些病症和病变来诊断微粒子病的方法。

## 二、实践场所与材料

**1. 地点**　蚕病实验室。

**2. 材料工具**　解剖镜、解剖器（全套）。微粒子病蚕、病蛾、病蛹、病卵。

## 三、实践方法与步骤

**1. 观察微粒子的病症**　微粒子病是一种典型的慢性传染病，小蚕期、大蚕期、蛹期、蛾期、卵期均可能被感染。观察病症时，取事先人工接种微粒子孢子，待典型病症出现时的蚁蚕、大蚕、病蛹、病蛾、病卵进行观察。

（1）蚕的病症观察。发病蚁蚕是因胚种传染而发病的，表现为收蚁后久不疏毛，体躯瘦小，体色较深，发育缓慢。大蚕期发病后表现出不同的症状：有的起缩、体呈锈色，有的体壁出现形状不整、浓淡不一的黑褐小斑点，有的蜕皮不完整，有的不结茧或结薄皮茧等。

（2）蛹的病症观察。病蛹体壁无光泽，腹部松弛，反应迟钝，体壁上出现点状病斑。

（3）蛾的病症观察。病蛾鳞毛脱落、羽化延迟或不羽化、腹部松弛、收缩无力，表现为拳翅、秃蛾、大肚蛾等。同时还表现出活动力差、交配能力差、产卵不正常等症状。

（4）病卵观察。病卵卵形不整齐，大小不一，排列不整齐，产附差、重叠卵多，不受精卵及死卵多，孵化不整齐等。

**2. 病变观察**　微粒子病蚕的病变主要表现在消化管、丝腺、气管、血细胞、脂肪组织、肌肉组织、马氏管、生殖细胞、体壁等器官。

（1）消化管。上皮细胞肿大或破裂。

（2）丝腺。肉眼多呈乳白色脓疱状的斑块。

（3）气管。气管的上皮细胞呈灰白色，易断。

（4）血细胞。血细胞体积增大，着色性减退，血细胞遭到破坏。

（5）脂肪组织。膨大变形，有的甚至崩溃。

（6）肌肉组织。肌质多溶解形成空洞，仅存肌核及肌鞘。

（7）马氏管。管壁细胞呈乳白色或淡黄色，形成许多小突起。

（8）生殖细胞。可能有病原寄生，在显微镜下可见到微粒子孢子。

（9）体壁。多出现真皮细胞变成空洞，膨胀，被破坏后受到血液中颗粒细胞的包围，形成褐斑。

## 四、实践注意事项

观察时，先将病蚕解剖，将上述各组织器官解剖出来，再分别按上述的病变现象，先后用肉眼和显微镜进行比较观察。

## 五、实践小结

1. 描绘微子病蚕、蛹、蛾的典型病症，填写表 5-2。
2. 描绘微粒子病蚕各组织器官的病变特征，填写表 5-3。

表 5-2　微粒子病的病症

| 病类 | 病症特征 |
| --- | --- |
| 蚕幼虫 | |
| 蚕蛹 | |
| 蚕蛾 | |

表 5-3　微粒子病的病变

| 组织器官 | 病变特征 |
| --- | --- |
| 消化管 | |
| 丝腺 | |
| 气管 | |
| 血细胞 | |
| 脂肪组织 | |
| 肌肉组织 | |
| 马氏管 | |
| 生殖细胞 | |
| 体壁 | |

# 实践二　微粒子孢子观察及与类似物的鉴别

## 一、实践目的

正确认识微粒子孢子的形状、大小、运动状态，掌握微粒子孢子与类似物如花粉、真菌孢子等的鉴别方法与技能。

## 二、实践场所与材料

**1. 地点** 蚕病实验室。

**2. 材料工具** 显微镜、盖玻片、载玻片、吸管；30%盐酸、蒸馏水；微粒子孢子液、绿僵菌分生孢子、半枝莲或马齿苋花粉等。

## 三、实践方法与步骤

**1. 微粒子孢子观察** 用吸管吸一滴微粒子孢子液滴在洁净载玻片上，盖上盖玻片后稍压一下，在600倍显微镜下观察。微粒子孢子长卵圆形，大小为（3～4）μm×（1.5～2.5）μm，显微镜下形似大米，淡绿色，折光性强，多沉于标本下层。显微镜视野中多不停地摆动，也称布朗运动。

**2. 微粒子孢子与绿僵菌等真菌分生孢子的鉴别** 微粒子孢子与绿僵菌等一些真菌的分生孢子十分相似，如果混在一起难以分辨，可利用微粒子孢子溶于盐酸的特性加以区别：一般先将一滴微粒子孢子液滴在洁净载玻片上，在酒精灯上稍微加热，使水分蒸发，再滴入一滴30%盐酸，在27℃下静置10min，然后盖上盖玻片镜检，如消失的，即为微粒子孢子，而真菌孢子则不变形、不消失。

**3. 微粒子孢子与花粉的鉴别** 微粒子孢子与某些植物花粉（如半枝莲、马齿苋）也非常相似，可利用花粉易被三谷氏鉴定液染色而微粒子孢子不易被染色的特性加以鉴别：先制取三谷氏鉴定液，取苏丹Ⅲ 5g溶于100mL95%酒精中，放置24h后过滤，再加1g碘、2g碘化钾即可，然后取微粒子孢子液和花粉悬浮液各一滴，分别滴在洁净载玻片上制成涂片，静置稍干后在600倍显微镜下观察，观察到微粒子孢子及花粉粒后，分别加入三谷氏鉴定液染色，再进行镜检观察，可以看到微粒子孢子不染色而花粉粒呈蓝紫色。

## 四、实践注意事项

1. 观察微粒子孢子时，因微粒子孢子密度较大，需在涂片下层观察。
2. 鉴别真菌分生孢子时，如果是福尔马林浸泡过的微粒子孢子不易被盐酸溶解，时间要长一些，尤其是冬天做实验时，要放在保温箱中加热，否则效果不好。

## 五、实践小结

1. 绘制显微镜视野下的微粒子孢子形态图。
2. 简述微粒子孢子与真菌分生孢子、植物花粉的鉴别方法及效果。

1. 掌握蚕发育各个阶段感染微粒子病的症状。
2. 理解微粒子孢子4个发育阶段的特点。
3. 熟悉蚕感染微粒子病后各主要组织器官的病变。
4. 掌握桑蚕微粒子病的诊断方法。
5. 理解微粒子病的发病过程。

## 任务考核

理论与实践相结合，多元化评价。考核评价内容见表5-4。

表5-4　识别微粒子病

| 班级 | | 姓名 | | 学号 | | 日期 | |
|---|---|---|---|---|---|---|---|
| 训练收获 | | | | | | | |
| 实践体会 | | | | | | | |
| 考核评价 | 评定人 | 评语 | | | | 等级 | 签名 |
| | 自我评价 | | | | | | |
| | 同学评价 | | | | | | |
| | 老师评价 | | | | | | |
| | 综合评价 | | | | | | |

## 思考练习

1. 微粒子病在桑蚕的各个时期有哪些典型症状？
2. 微粒子原虫的致病过程是什么？

## 任务拓展

1. 微粒子孢子与真菌孢子有什么不同？
2. 为什么各养蚕国和养蚕地区都将微粒子病作为检疫对象？

# 任务二　掌握微粒子病的发病规律

## 任务目标

知识目标：了解微粒子病传染源、传染过程、影响因素等方面的知识，加深对桑蚕微粒子病发生原因的认识。

能力目标：掌握微粒子病的传染特性和发病规律，为微粒子病的防治打下基础。

情感目标：使学生感受微粒子病防治的严峻性，养成一丝不苟、精益求精的好习惯。

任务描述

因为微粒子病的病程长，蚕患病后不易被发现，其粪便、旧皮、体液、鳞毛等均可潜藏大量病原，野外昆虫极易感染微粒子病增加了该病传染源的范围，因些微粒子病的传染源相当广泛。微粒子病的传染途径比较特殊，除了食下传染，还有独特的传染途径——胚种传染，这都为微粒子病的防治增加了难度，稍不注意，就会给蚕业生产尤其是蚕种生产带来严重危害。因此，我们必须熟悉微粒子病的发生规律，掌握这些规律，并利用这些规律防止蚕微粒子病的发生。

应知理论

## 一、传染源

微粒子病是典型的慢性病，发病初期很难被发现，而从发病开始即往外界释放病原——微粒子孢子。因此，微粒子病的传染源广泛且隐蔽，包括病蚕的尸体、排泄物、熟蚕尿、蛾尿、病卵壳、蜕皮壳、鳞毛、蚕茧等，野外昆虫也可与蚕交叉感染。

**1. 病蚕、蛹、蛾的尸体、排泄物及脱离物**　感染微粒子病的蚕、蛹、蛾的尸体、排泄物（包括粪便、体液）、蜕皮、鳞毛、蚕茧等均可携带大量的病原孢子，病死蚕、蛹、蛾处理不当，均可导致病原的大量扩散，污染养蚕环境，造成微粒子病的大面积发生。

**2. 蚕室、蚕具及有关场所**　饲养过病蚕的蚕室、接触过病蚕、病蛹、病蛾的蚕具、蔟具以及有关场所，都有可能受到污染。根据对养过病蚕的蚕室、蚕具进行的调查，微粒子孢子几乎无孔不入，甚至在蚕室顶棚、加热用的炉子等处均有大量的孢子潜藏。

**3. 野外患病昆虫及排泄物**　根据对72种野外昆虫的调查，有3.2%的野外昆虫患有微粒子病，桑尺蠖、桑蓑蛾、桑螟、野桑蚕、桑毛虫、桑黄腹灯蛾等有害昆虫中都检测到微粒子病孢子的存在。微粒子病的野外寄主有几十种昆虫。这些昆虫体内的微粒子孢子可通过污染桑叶进入蚕室，通过食下传染使蚕染病，引起交叉感染。

试验证明：桑蚕微粒子可以感染柞蚕、蓖麻蚕，柞蚕、蓖麻蚕的微粒子病可相互传染，但柞蚕微粒子、蓖麻蚕微粒子、蜜蜂微粒子不能感染桑蚕。

## 二、传染途径

微粒子原虫对桑蚕的传染途径有食下传染和胚种传染两种。食下传染是胚种传染的基础，通过胚种传染的病蚕体内又可增殖大量的微粒子孢子，为以后蚕期食下感染提供了病原，两种传染途径恶性循环，稍有不慎，极易造成严重后果。

**1. 食下传染**　也称经口传染，是指微粒子孢子依附在病卵表面或桑叶表面，蚕在取食卵壳或桑叶时，连同微粒子孢子一同食下，微粒子孢子进入消化道引起感染。

（1）卵壳食下传染。因为病卵表面黏附有微粒子孢子，蚁蚕在孵化过程中，食下黏附有孢子的卵壳而感染。这种感染的机会相对较低。

（2）桑叶食下传染。蚕通过取食被微粒子孢子污染的桑叶而染病，是食下传染的主要方式。微粒子污染桑叶的情况有3种：一是病蚕尸体、粪便、鳞毛、病蛾尿等污染桑叶，蚕室、蚕具及贮桑室消毒不彻底也能造成桑叶污染；二是野外患病昆虫的尸体、排泄物或脱离物污染桑叶。已经发现野桑蚕、桑螟、桑尺蠖、红腹灯蛾等桑树害虫与桑蚕的微粒子原虫可以相互感染；三是蚕沙未经发酵直接施入桑园，或将病蚕、弱蚕饲喂羊、鸡鸭等，鸡粪、鸭粪、羊粪等在风和雨水的作用下污染桑叶。

**2. 胚种传染**　胚种传染是微粒子病特有的传染途径，也是微粒子病主要的传染途径。其特点是患病雌蚕体内的微粒子孢子，可侵入卵巢寄生，进入蚕卵后侵入胚子内，传染给下代蚕染病，也称经卵传染或母体传染。蚕在4～5龄感染微粒子病，就有可能造成胚种传染。

胚种传染都是食下传染形成的。蚁蚕及小蚕期感染微粒子病后将陆续死亡，绝不能化蛹及羽化，并不是所有的食下感染的微粒子病蚕都能引起胚种传染，实现胚种传染需要一定的条件，只有大蚕期（4～5龄）轻微感染的雌蚕，可以正常生长发育、营茧、化蛹、羽化、交配、产卵，从而产生胚种传染。

（1）胚种传染的途径。雌蚕感染微粒子病后，病原随血液循环侵入巢膜或包卵膜等上皮细胞内，使被寄生的细胞膨大。其中一部分病原通过皮膜细胞间隙，侵入卵管的卵原细胞内，卵原细胞再分化为卵细胞和滋养细胞。病原侵入卵细胞或滋养细胞时，会出现3种情况：①卵细胞和滋养细胞均被寄生。这种卵不能形成胚体，最终成为不受精卵或死卵。②滋养细胞正常，卵细胞被寄生。这种卵也不能形成胚体，成为不受精卵或死卵。③卵细胞正常，滋养细胞被寄生。这种卵有可能进一步发育，导致胚种传染的发生。因病原侵入胚体的时期不同，分为发生期胚种传染和成长期胚种传染。

（2）发生期胚种传染。卵产下后，在胚胎形成过程中受到微粒子原虫感染寄生，这种胚胎不能继续发育，而成为催青死卵。

（3）成长期胚种传染。当胚胎发育到反转期后，改由第二环节背面的脐孔吸收养分时受到感染。这种卵可以正常发育，孵化出的蚁蚕成为胚种传染的个体。同一病蛾所产的卵中，最后产出的卵感染率要高。

## 三、传染条件

微粒子病的传染，与蚕座的混育时间、蚕的抗性、病原的数量、新鲜程度及环境条件有着非常密切的关系。其传染途径如图5-10所示。

**1. 蚕座混育感染**　微粒子病蚕的发病期因感染方式的不同而有差异。经胚种传染感染的蚁蚕和小龄期感染的蚕，一般孵化晚，发育慢，如严重感染则当龄死亡，感染较轻者最长也不能发育到4龄。但在患病过程中，随粪便排出或黏附在蜕掉的旧皮上大量的微粒子孢子，污染蚕座，引起健康蚕食下感染。

胚种感染的蚁蚕，孵化后即能随粪便排出微粒子孢子，可传染1～2龄蚕，称第一期感染。第一期感染的蚕一般能正常发育到3～4龄，4龄起开始随粪便排出微粒子孢子，这些微粒子孢子又能被健康蚕食下引起第二期感染。第二期感染的蚕，一般能正常发育营茧，全茧量、茧层量接近正常，对丝茧育的影响较小，但对种茧育危害较大，因为大蚕期感染微粒子病的蚕，能正常发育、上蔟、营茧、化蛹、羽化、交配、产卵，开始一轮新的胚种传染。

蚕座感染的程度与健康蚕和病蚕混育的时间和数量有关。早期混育的病蚕数量即使很少，但由于混育时间长，感染机会多，危害也大。据调查：在蚁蚕时混入3%的微粒子病蚕，正常饲养、正常消毒，到上蔟时，微粒子病发病率达50%～60%；到发蛾时检查，将会100%发病。还有资料表明，一条胚种传染的蚁蚕，第一期蚕座传染数，越年种为5头，即时浸酸种（夏、秋）为27～28头；第二期感染可扩大400倍。所以，获得无病蚕种对预防微粒子病至关重要。由此可见，在蚕种生产中，对微粒子病的防控是重中之重，一个饲育区中只要有一条胚种感染的蚕，这批蚕种就是不合格蚕种。

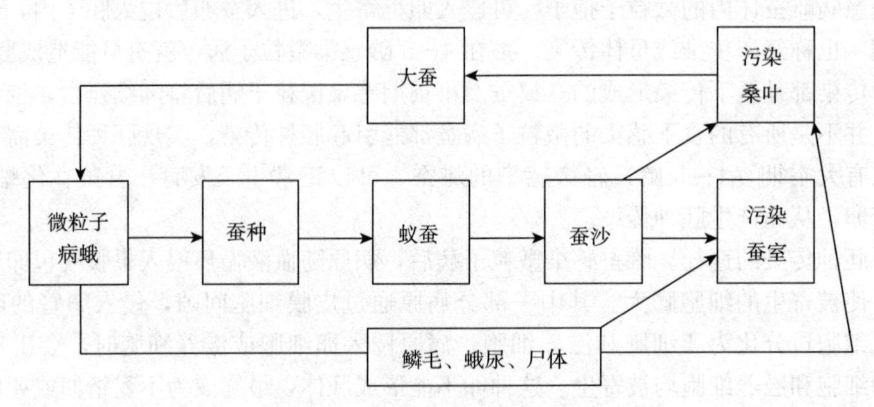


图5-10 桑蚕微粒子病传染途径

**2. 蚕的品种** 中国系统的蚕品种对微粒子病的抗性较强，日系次之，欧洲系统品种抵抗力的最弱。以化性来说，多化性品种抗病力最强，二化性品种次之，一化性品种最弱。由于现代品种在选育中大多采用系统杂交的办法，故同系统同化性品种之间，对微粒子病的抵抗性的差异也是很大的。

**3. 蚕的龄期** 小蚕、起蚕和饥饿蚕容易被感染，发病率较高。据调查：各龄起蚕和五龄蚕第5d，分别添食微粒子孢子1粒、10粒、100粒和1000粒，添食微粒子孢子1粒、10粒、100粒的区表现为小蚕感染率高，大蚕期感染率低，2龄前接种的蚕，都在上蔟前死亡。而无论是哪个龄期，都是接种多的感染率高。添食微粒子孢子1000粒的接种区，各龄期的感染率都是100%。

**4. 病原数量** 接种量越高，病程越短。为2龄起蚕每头添食$10^1$、$10^2$、$10^3$、$10^4$、$10^5$、$10^6$和$10^7$粒微粒子孢子，$10^2$以上的添食区全部感染。但从蚕发病到死亡时间看，接种量少的区，发病持续时间长，大都发育到较大龄期死亡，接种量多的区发病持续时间短。$10^2$区大部分在5龄期死亡，$10^3$和$10^4$区在4～5龄期死亡，$10^5$区在3～4龄期死亡，$10^6$区在2～3龄期死亡，$10^7$区全部在2龄内死亡。

另据试验证明，微粒子孢子的接种量越高，蚕感染微粒子病的概率也就越高，同时随着接种量的增加，患病蚕的体重也相应地减轻。

**5. 环境条件** 在养蚕过程中，蚕室湿度大、蚕座潮湿，蚕容易通过食下被微粒子孢子污染的桑叶而感染，增加患微粒子病的概率；反之，饲育环境湿度小，蚕座干燥，食下传染的概率小，感染率低。

试验证明，高温对微粒子病有一定的抑制作用。生产上用渐进催青法、蛹期高温处理、蚕卵温汤浸种、高温盐酸处理微粒子病卵均能有效地减少微粒子病的发生。

## 应会技能

1. 掌握微粒子病的传染源。
2. 掌握微粒子病的传染途径。
3. 掌握微粒子病对蚕种生产的重要性。
4. 理解无毒蚕种对蚕业生产的重要性。

## 任务考核

理论与实践相结合，多元化评价。考核评价内容见表5-5。

**表5-5 掌握微粒子病的发病规律**

| 班级 | | 姓名 | | 学号 | | 日期 | |
|---|---|---|---|---|---|---|---|
| 训练收获 | | | | | | | |
| 实践体会 | | | | | | | |
| 考核评价 | 评定人 | 评语 | | | | 等级 | 签名 |
| | 自我评价 | | | | | | |
| | 同学评价 | | | | | | |
| | 老师评价 | | | | | | |
| | 综合评价 | | | | | | |

## 思考练习

1. 微粒子病有哪些传染途径？
2. 为什么说蚁蚕中有少量的微粒子病蚕会导致严重的后果？
3. 微粒子病为什么会胚种传染？胚种传染是如何引起的？
4. 微粒病的传染和发生与哪些因素有关？

## 任务拓展

微粒子孢子能否用于生物防治害虫？

# 任务三　防治微粒子病

知识目标：加深对微粒子病防治重要性的认识，熟练掌握微粒子病的防治措施。

能力目标：熟练掌握利用显微镜鉴定微粒子病的技能，能够掌握微粒子病的预防措施。

情感目标：使学生认识到微粒子病防治的严峻性、复杂性，培养学生养成一丝不苟、团结协作的工作、学习精神。

由于微粒子病危害大，因此，掌握微粒子病的防治措施对蚕业生产非常重要。蚕种质量好坏、微粒子病卵的存在与否，直接影响蚕业生产，且微粒子病病程长，蚕患病后不易被发现，更增加了防治难度。防治微粒子病的根本在于提供无毒、合格、优质蚕种。而要生产出优质无毒蚕种，掌握微粒子病的鉴定、防治措施至关重要。我们要根据已经掌握的微粒子病的传染规律，多管齐下，以防为主，多方面采取措施防止蚕微粒子病的发生。一旦生产中发现了微粒子病，还要掌握对症下药，及早采取措施，尽可能降低微粒子病对蚕业生产的危害。

## 一、微粒子病的诊断

微粒子病是典型的慢性病，在蚕的所有发育阶段均可能发生，且病蚕不断释放微粒子孢子，成为新的传染源。因此，及早发现，及早防治是防治微粒子病的重要途径。但是，桑蚕微粒子病病程长，发病症状不甚明显，易与其他病害相混淆，还有许多植物的花粉、真菌的分生孢子也与微粒子孢子十分相似，给微粒子病的诊断增加了困难。这就需要我们认真细致的观察和采取现代科学手段才能确诊。也可以说，能够正确识别微粒子病是防治微粒子病的关键。

**1. 肉眼诊断**　微粒子病在蚕的各个发育阶段均可能发生，但不同的发育阶段表现出的病症也不尽相同。蚁蚕疏毛期延长，体躯瘦小，发育缓慢，迟眠迟起，发育极不齐；大蚕期体壁无光泽，身体萎缩，常有褐色病斑。病蛹对外界刺激反应无力。病蛾鳞毛、附肢脱落，腹部环节松弛，表现为秃蛾、大肚蛾，不受精卵、死卵多。需注意的是：很多其他病的病蚕也表现出类似的病症，因此这些症状只能作为目测初检的依据，只有解剖检查丝腺有无乳白色脓疱才能确诊。

**2. 显微镜检查**　在600倍显微镜下观察有无微粒子孢子存在也是确认本病的依据。凡是患有微粒子病的蚕、蛹、蛾、卵，在呈现出一定病症后，其组织器官内肯定有微粒子孢子存在。所以利用显微镜检查有无微粒子孢子存在，是判断微粒子病最可靠、最直接的方法（图 5-11）。

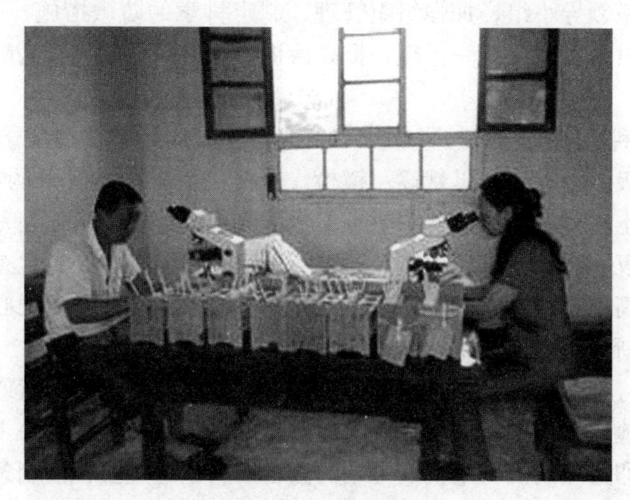

图 5-11　显微镜检查

镜检方法：取一小块可疑材料，加压研磨后，加入 1～2 滴苛性钠（钾）液，充分研磨后，装入试管中，用镊子从试管口将一疏松脱脂棉球推至底部，去掉组织碎片后，涂在载玻片上，然后用显微镜在 600 倍左右镜检，发现有微粒子孢子即可确认（图 5-12）。

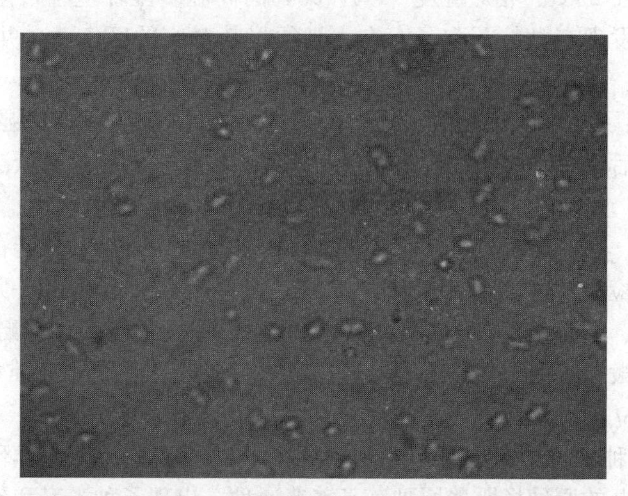

图 5-12　显微镜视野下的微粒子孢子

能否正确识别微粒子孢子是镜检质量的关键。如母蛾受霉菌感染，其产生的真菌分生孢子与微粒子孢子十分相似，较难区分。可在标本中加入少许 30％盐酸，在 27℃下静置 10min，这时，微粒子孢子在盐酸的作用下溶解消失，而真菌分子孢子抗酸性强，不会消失，这种方法可轻易将微粒子孢子和真菌分生孢子分别出来。

## 二、微粒子病的防治

**1. 强化微粒子病防治意识，做好持久战准备**　家蚕微粒子病的屡治屡犯与我们对微粒子病危害的严重性、长期性、反复性认识不足，以及对彻底防治微粒子病缺乏足够的信心有关，所以防治微粒子病必须强化防病意识，做好打攻坚战和持久战的思想准备。各主要蚕区有关单位要成立防微领导小组，加强组织管理，制定科学的防微措施，广泛开展科普宣传。各级领导、技术人员及蚕农要统一思想，提高认识，严格执行微粒子病防控措施，保证防微工作有序进行。

**2. 生产无病蚕种** 加强母蛾检查工作，确保蚕种无病是防治微粒子病的根本措施。蚕种生产中，坚持三级制种，实行母蛾逐一镜检，严格执行蚕种监管条例，是生产无毒蚕种，杜绝胚种传染的根本途径。制种过程中要求工作细致规范、不能出任何差错，不漏检，不误检。对于原种场，仅有母蛾检查还不够，还需辅之以补正检查、预知检查、迟眠蚕检查、促进发蛾检查。为提高检查的速度和质量，需培养一批技术水平高、责任心强、经验丰富的检查人员，并不断革新检查操作技术。

（1）母蛾检查。根据蚕种批号，将产卵后的母蛾逐一对号放入蛾盒或蛾袋中，待蛾自然死亡后进行显微镜检查。这样能使母蛾体内的微粒子孢子充分成熟而易于检出。凡检到有病母蛾，其所产的蚕卵必须淘汰，某批次母蛾的微粒子病率超过蚕种监制条例规定的范围，则必须将整批蚕种淘汰。

（2）预知检查。及早确认原蚕饲育过程中有无微粒子病的发生，及早确定该批蚕种茧能否制种，主要是对迟眠蚕检查和促进化蛾检查。

迟眠蚕检查：在原蚕饲养过程中，将迟眠蚕、不蜕皮蚕、半蜕皮蚕、发育不正常蚕等按区号入袋中，保存在29℃、相对湿度90%～95%的高温多湿环境中，待其正常死亡后取其组织制片镜检。如发现有微粒子孢子存在，必须将其对应的区淘汰，并对用具进行彻底消毒，避免蔓延传染。

促进化蛾检查：每区取熟蚕或迟眠蚕100头，在27～29℃、相对湿度80%～85%环境中促进化蛾，发蛾后逐蛾镜检。如发现微粒子病蛾，根据发病率的高低决定该批种茧是否适于制种。

（3）补正检查。是对母蛾检查结果的再次确认。母蛾检查后，可能存在差错。为了慎重起见，可取原种卵检查。每蛾区取卵10～20粒，对号贴在纸上，并注明批次、品种，在高温多湿（28～30℃、相对湿度85%）环境中催青，促使其早孵化，将孵化后的蚁蚕按区号进行镜检，如发现微粒子孢子，按蚕种生产监管条件处理。也可以正常收蚁后，镜检卵壳，发现微粒子孢子区立即淘汰。

**3. 使用无毒蚕种，建立安全的外围区** 目前，由于蚕种生产监管不到位，蚕种场多建在农村，这些乡村办的原种场既养原种，又养普通种，出现了种茧育和丝茧育交叉饲养的情况，而合格的丝茧育蚕种允许0.5%以下的病蛾率，这样，合格丝茧育蚕种在饲养过程中也会产生一些微粒子孢子，从而污染环境，危及交叉饲养的种茧生产。所以蚕业主管部门要加强对蚕种生产的监督管理，在蚕种场周围的乡村发放全检无病蚕种，即在原蚕区及其周围不能饲养带有微毒的丝茧育蚕种，形成一个安全的外围区，这也是保证无病蚕种的重要措施。同时为了确保安全，丝茧育也应提倡使用无毒蚕种。

加外，还要加强对外地引进蚕种的检验，杜绝有病蚕种流入，否则可能引起严重后果。

**4. 严格消毒，强化饲养管理、防止食下传染** 微粒子病的发生与养蚕环境含有微粒子孢子有密切关系。微粒子孢子生命力强，尤其在阴暗潮湿的环境下存活时间更长。在湿润的泥土中，微粒子孢子经过一年，其致病率仍高达77.33%，环境中存在微粒子孢子是发生微粒子病的隐患。因此，饲养区及其周围应禁止开设蚕茧及其副产品加工厂（如丝厂、绢纺厂、丝棉加工厂等），也不能设立茧丝仓库。对蚕室周围空地、室内泥地全面刮去表土，并疏通阴沟，除去杂草。水源污染也可引起家蚕微粒子病，要保证清洗蚕室、蚕具用水，消毒、补湿、药液配置等用水清洁无毒。

蚕室及其周围环境要在彻底清扫的基础上严格消毒。消毒要统一时间，统一行动、统一药品，统一标准，统一方法，采用杀菌谱广、渗透性强的次氯酸钙或无腐蚀性的克孢灵，提高消毒效果。在饲养过程中，对迟眠蚕、病弱蚕、发育迟缓蚕检查后要坚决淘汰，及时放入消毒罐中，集中深埋或焚烧处理，禁止随手抛弃或饲喂家禽、家畜等。养蚕环境要调控好温湿度，小蚕期要防止低温，以免龄期延长，增加食下传染的机会；饲养过程中加强卵面消毒及小蚕、各龄起蚕、熟蚕等敏感期的消毒，强化贮桑管理，避免湿叶贮藏，桑叶补湿需用净水或0.3%消特灵液，避免污染桑叶，引起食下传染，蚕座多使用干燥材料，勤除沙，除沙时要尽量避免蚕沙落到地面上，并及时运往远离蚕室的专用蚕沙坑，切勿放在蚕室及桑园附近摊晒或堆放，也不可作为家禽、家畜的饲料；用药效稳定的复方蚕座净代替漂白粉、防僵粉进行蚕体蚕座消毒，以防止蚕座混育引起传染。蚕期结束后应清除蚕沙坑内的蚕沙，集中堆放并封土，充分腐熟后作肥料使用，防止病原扩散传播。

**5. 加强桑园治虫，防止污染桑叶**　桑园害虫种类很多，其中桑毛虫、野蚕、桑尺蠖、桑蟥、桑螟、菜粉蝶、桑姬叶卷蛾等不仅影响桑叶的产量和质量，而且能被微粒子孢子寄生感染，还能与桑蚕发生交叉感染，所以防治桑园害虫是防治微粒子病的重要措施。桑园害虫防治必须在关键时期进行：春期桑树发芽前用亚胺硫磷进行白条治虫；晚秋蚕结束后用杀灭菊酯治关门虫；夏伐后用残效期长的甲胺磷农药白拳治虫，其余各期可依害虫发生情况、用叶情况等合理选用残效期较短的农药如敌百虫、敌敌畏、乐果、辛硫磷等。蚕室及桑园四周的树木花草也要定期喷药治虫，也可根据害虫的特征和习性，进行人工捕杀或诱杀，尤其是蚕种场在制种期间，灯光明亮，吸引羽化后的害虫飞散在蚕室的周围，死虫也特别多，应及时进行人工捕杀或诱杀，病虫尸体也要妥善处理。对虫口叶可在喂蚕前用含有效氯0.3%～0.5%的漂白粉液进行叶面消毒，杜绝食下传染。

蚕种场还要做好蚕叶平衡工作，一旦遇到缺叶而不得不外购桑叶时，一定要先行了解购叶地有无微粒子病存在，虫害是否严重等。因此，要尽量杜绝外购桑叶，尤其是不能从发生微粒子病的地区购进桑叶，以免病从口入。

**6. 在远离桑园、蚕室、蚕种冷库的地方建立专用的镜检室**　镜检室是蚕种场母蛾最集中的地方，也是病原集中的地方，病原很容易扩散，必须严格控制与消毒。检查人员不得随意外出，所用物品等不得随意外借。镜检结束后，所有人员包括用具经彻底消毒后，方可外出（带出）。

**7. 药物防治**　目前我国已成功研制了具有实效的防微新药。如防微灵可抑制蚕体内微粒子裂殖体的增殖，以达到治疗效果。用防微灵喷洒桑叶后，在7d的有效期内采叶喂蚕，可有效治疗蚕期食下微粒子孢子引起的微粒子病。克微1号对家蚕微粒子病的食下传染和胚种传染均有良好的治疗作用，且治愈后无复发现象。用500mg/kg的克微1号喷洒桑叶，晾干后给桑，每天用药12h以上可完全治愈，但克微1号对微粒子病无预防作用。

## 三、发生微粒子病后的应对措施

很多蚕种场自认为已经进行了认真的消毒和检查，各项防微措施也进行到位，但微粒子病还可能会突然出现，使人莫名其妙。一旦出现微粒子病，认真进行补正检查，需查清病原来源，确定是胚种传染还是食下传染。如果补正检查中检出有少量微粒子病，则胚种传染的可能性大，蚕种存在问题；否则，可能是养蚕消毒不彻底，引起食下传染。

**1. 胚种传染** 蚕种的生产过程存在问题，蚕种本身带有微粒子病，而对原种母蛾的检查存在漏检、误检、检查质量低下是导致蚕种带病的重要原因，也就是说蚕种是否带病直接取决于母蛾镜检的质量。以下几项因素决定了镜检的质量：

（1）母蛾和镜检标本是否严格一一对号。

（2）蛾盒和蛾袋是否完好。

（3）待检的临时标本制作是否良好。

（4）显微镜是否清晰。

（5）检查人员技术是否过关，工作是否认真。

（6）是否用新鲜的母蛾制作标本。母蛾产卵后需放置一段时间方能镜检，新鲜蛾与经过放置处理的母蛾相比，经过放置处理的检出率要比新鲜蛾高5～9倍，故不能用新鲜的母蛾直接镜检。

（7）是否存在漏检的可能。

**2. 食下传染** 蚕种本身没有问题，是养蚕环境中消毒不彻底引起的。

（1）养蚕前的消毒工作是否彻底。微粒子孢子分布极广，且生命力顽强，消毒工作稍一疏忽，就会出现漏洞和死角。一旦出现微粒子病，一定要彻底检查消毒是否彻底，是否存在雄蛾处理不当，水源是否清洁，是否存在普通种和原种混养等情况。

（2）桑园害虫发生情况。养蚕过程中，桑园害虫发生情况往往与微粒子病发生关系密切。要随时了解桑园害虫的种类及发病情况。一旦发现害虫染病，尤其是鳞翅目昆虫染病，一定要采取相应措施。

（3）养蚕废弃物的处理是否得当。微粒子孢子分布极广，病蚕的尸体、蚕沙、蜕皮、体液、废茧等均含有大量的微粒子孢子。所以蚕室废弃物，要认真处理，不得随意抛弃。

（4）周围蚕区是否有微粒子病的发生。周围蚕区如有微粒子病发生，那里的孢子有可能通过各种媒介传播，使本蚕区的蚕食下传染。

在查清传染源后，要迅速采取科学的应对措施，微粒子病是可以防控并消灭的。

## 应会技能

1. 掌握目检微粒子病的方法，初步学会微粒子病的诊断方法。
2. 掌握母蛾微粒子病的镜检方法。
3. 学会用预知检查、补正检查等方法防止胚种传染。
4. 掌握发生微粒子病后应采取的检查项目和应急措施。

## 任务考核

理论与实践相结合，多元化评价。考核评价内容见表 5-6。

**表 5-6 防治微粒子病**

<table>
<tr><td>班级</td><td></td><td>姓名</td><td></td><td>学号</td><td></td><td>日期</td><td></td></tr>
<tr><td>训练收获</td><td colspan="7"></td></tr>
<tr><td>实践体会</td><td colspan="7"></td></tr>
<tr><td rowspan="5">考核评价</td><td>评定人</td><td colspan="4">评语</td><td>等级</td><td>签名</td></tr>
<tr><td>自我评价</td><td colspan="4"></td><td></td><td></td></tr>
<tr><td>同学评价</td><td colspan="4"></td><td></td><td></td></tr>
<tr><td>老师评价</td><td colspan="4"></td><td></td><td></td></tr>
<tr><td>综合评价</td><td colspan="4"></td><td></td><td></td></tr>
</table>

## 思考练习

1. 微粒子病的诊断有哪些方法？
2. 预防微粒子病应从哪些方面采取措施？
3. 一旦发现微粒子病，应采取哪些应急措施？

## 任务拓展

生产中如何确保所制蚕种无微粒子病？

## 项目考核与评价

本项目的考核内容：

1. 正确认识微粒子病的典型病症，并在养蚕实习中能够正确识别。
2. 掌握解剖微粒子病蚕的基本技能，识别微粒子病的典型病变。
3. 理解微粒子病的发生规律以及防治方法，结合养蚕实习，掌握防治微粒子病的方法。

考核方式主要以参与项目任务的学习实践成效来评价，突出项目任务实践活动的方案、过程、作品及总结等，兼顾学习态度、知识掌握、团队合作、职业习惯等方面进行综合评价。坚持评价主体的多元化，通过自我评价、同学互评、教师评价及师傅评价等多元化评定学习成绩。评价结果分为优秀、良好、合格、不合格 4 个等次，对于不合格的不计入项目学习成绩，要重新学习实践，确定通过评价取得合格以上成绩（表 5-7）。

表 5-7　项目考核方法与评价标准

| 项目名称 | 识别和防治微粒子病 | | | | | | | | | | | | |
|---|---|---|---|---|---|---|---|---|---|---|---|---|---|
| 评价项目 | 考核评价内容 | 自评 | | | 互评 | | | 师评 | | | 总评 | | |
| | | 优秀 | 良好 | 合格 | 优秀 | 良好 | 合格 | 优秀 | 良好 | 合格 | 优秀 | 良好 | 合格 |
| 学习态度（20 分） | 评价学习主动性、学习目标、过程参与度 | | | | | | | | | | | | |
| 知识掌握（20 分） | 评价各知识点理解、掌握以及应用程度 | | | | | | | | | | | | |
| 团队合作（10 分） | 评价合作学习、合作工作意识 | | | | | | | | | | | | |
| 职业习惯（10 分） | 评价任务接受与实施所呈现的职业素养 | | | | | | | | | | | | |
| 实践成效（40 分） | 评价实践活动的方案、过程、作品和总结 | | | | | | | | | | | | |
| | 综合评价 | | | | | | | | | | | | |
| 改进建议 | | | | | | | | | | | | | |

## 项目小结

微粒子病已被所有养蚕国家和地区列为蚕种生产的唯一检疫对象。本项目中，我们学习了微粒子病在桑蚕生长各阶段所表现出的症状，学习了微粒子孢子的基本知识、显微镜下的形态特征、生活习性；学习了微粒子孢子在蚕体内的生长发育过程以及微粒子孢子在生长过程中对蚕各组织器官所造成的破坏，使蚕的消化管、血细胞、肌肉组织、丝腺、体壁、生殖细胞、马氏管等产生不同的生理病变；学习了微粒子病的发病规律，掌握了微粒子的传染途径，理解胚种传染是微粒子病特有的传染途径以及发生胚种传染的机理，掌握了导致桑蚕发生微粒子病的各种因素；学习了微粒子病的诊断方法，掌握了母蛾镜检、预知检查、补正检查的方法，掌握微粒子病的防治方法以及发生微粒子病后的应对措施。

项目六

# 节肢动物病识别和防治

家蚕是经济昆虫，常会受到其他动物的侵害。其中由节肢动物引起的家蚕病害，在我国主要有蝇蛆病、虱螨病、桑毛虫和桑刺毛螫伤等，此外还有饷蛆蝇病、寄生蜂病及蚂蚁、黄蜂等的侵害，但危害较轻微。下面我们将主要围绕识别家蚕节肢动物病的症状、掌握节肢动物病蚕的发病特征和诊断技术，学会节肢动物病的预防措施，为养蚕丰收保驾护航。

## 任务一　识别节肢动物病

知识目标：了解在生产中常见的节肢动物病种类；学习生产中节肢动物病在不同地区、不同季节发生及危害情况等方面的知识；掌握节肢动物病的危害特性和症状特点。

能力目标：采取正确措施防治节肢动物病。

情感目标：培养同学们对非传染性蚕病的重视和全面、客观的蚕病防治观念。

学会识别家蚕蝇蛆病的症状，掌握蝇蛆病蚕的诊断技术，熟悉蝇蛆病的防治方法。

### 一、蝇　蛆　病

蝇蛆病是由多化性蚕蛆蝇产卵于蚕体表面（图 6-1），孵化后的幼虫钻入蚕体内寄生而引起的非传染性蚕病，以夏秋蚕期发生较多。

**1. 病症**

（1）蚕的病症。蝇卵在夏秋蚕期（25℃以上）经 1～2d，春蚕期（20℃左右）经 2～3d 孵化成蛆，钻入蚕体壁内寄生，体表即显现出褐色羊角状或喇叭形病斑，每有一头蛆寄生，就形成一个病斑。蛆蝇危害后产生黑斑，黑斑上有淡色长卵圆形卵壳。病斑随着蛆体的成长

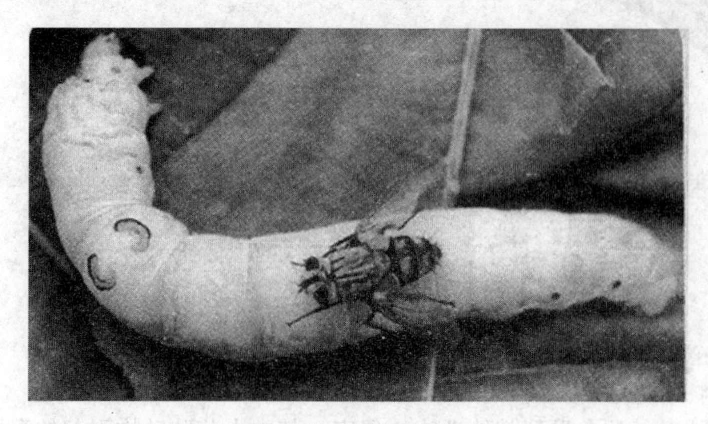

图 6-1　蝇寄生蚕体

而逐渐增大。被寄生的环节通常会肿胀膨大，甚至扭曲。眠蚕受害不能蜕皮，死后全身黑色，有的熟蚕受害后呈紫色，俗称"紫蚕"。撕开以上蚕儿体壁可见蚕体内有蛆蠕动，3～4龄被寄生的蚕，往往在大眠中脱皮时，因体壁破裂引起大量出血死亡。5 龄前期寄生的蚕，有早熟现象，一般不能结茧或只结薄皮茧。大批蚕老熟前，常可见到一种全身肿胀呈蓝紫色的蝇蛆病蚕，这种蚕不能结茧。上蔟时蚕被寄生还能吐丝结茧，但常结薄皮茧、死笼茧或蛆孔茧，茧质低劣。在饲育中，还常常见到一头蚕体上，被数头乃至十数头蝇蛆寄生的情况，寄生的蛆虫越多，病蚕死亡越快。被寄生的病蚕死后，蝇蛆即咬破死蚕体壁脱出，若已结茧，即咬破茧壳而成蛆孔茧（图 6-2 至图 6-4）。

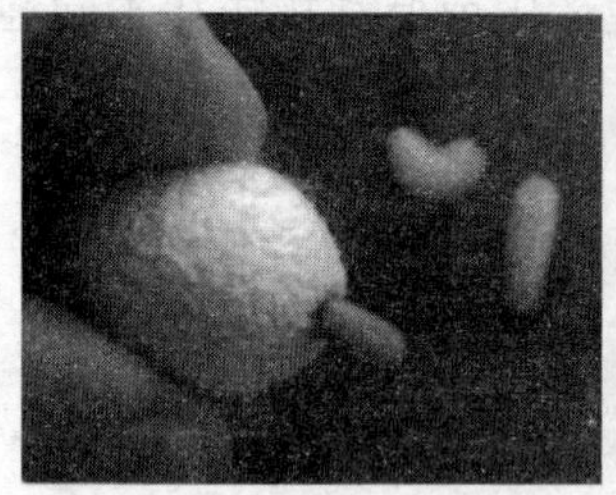

图 6-2　蝇蛆蚕茧出蛆

图 6-3　蝇蛆蚕的病斑

图 6-4　紫　蚕

（2）蛹的病症。5 龄末期被寄生的蚕，能生活到营茧终了或化蛹后死去，但不可能化蛾，蝇蛆病蛹的体壁上，在被寄生部位显现大块黑褐色病斑。

**2. 多化性蚕蛆蝇**　多化性蚕蛆蝇属昆虫，一世代经卵、幼虫、蛹、成虫 4 个阶段（图 6-5）。

图 6-5　蚕蛆蝇

（1）卵。乳白色，长椭圆形，前端稍尖，大小（0.6～0.7）mm×（0.25～0.3）mm，腹面扁平且稍凹陷，表面布满黏胶，能牢固地附着于寄主体表。卵壳薄，有六角形花纹，在显微镜下，可透视到卵内的胚胎。

(2) 幼虫（蛆）。卵孵化后，即为幼蛆，淡黄色，长圆锥形，大小为（10～14）mm×(4～4.5) mm。蛆体由头部及12个环节组成。头部尖具角质口钩及两对突起的感觉器，第二体节的两侧有前气门一对，体节的末端呈刀切状，有后气门一对，具气门环，内有3条气门裂及一个气门钮。肛门在第十一体节的腹面中央。行走时，依靠体节的伸缩蠕动。

(3) 蛹。成熟的蛆，并不脱皮，由外皮硬化而成蛹壳，初呈紫红色，渐次加深而呈黑褐色。圆筒形，大小（4～7）mm×（3～4）mm。第1～3环节两侧有纵裂，成虫羽化时即由此裂开脱出，第五环节两侧有呼吸突一对。

(4) 成虫（蝇）。由头、胸、腹3部分组成。雄大雌小，雄的体长12mm左右，雌的体长10mm左右。头部三角形，顶部有3只单眼，呈倒“品”字形排列。两个单眼鬃与前面两只单眼在同一个水平上，复眼上密生细毛，触角芒状。口器为吻吸式。中胸部有翅一对，膜状半透明。后胸有一对平衡棒，由后翅退化形成。腹部圆锥状，由8节组成，外观只能见到4节，其余4节构成外生殖器。第2～4节的背板下半部密生深黄色绒毛，上半部无毛，黑色光亮，两者相间似虎斑。雌蝇外生殖器为圆筒形的产卵管，末端有两丛感觉毛，无肛尾叶。一只雌蝇可产卵100～200粒。雄蝇外生殖器为阳具及两对抱握钩。肛尾叶三角形，覆被黄毛，背面有四条黑色纵带，腹部环节呈黑白相间的虎斑。

自然界有一种麻蝇，与蚕蛆蝇形态相似。蚕农大多数不能区分，差别如表6-1。

**表6-1 多化性蚕蛆蝇与麻蝇形态比较**

| 形　态 | 多化性蚕蛆蝇 | 麻　蝇 |
| --- | --- | --- |
| 卵 | 卵生 | 卵胎生 |
| 幼虫 | 胸背部有4条黑色纵条<br>腹背为灰黄与黑色相间的虎斑 | 胸背部有3条黑色纵条<br>黑色与灰白相间网眼状块斑 |
| 成虫 | 触角芒，光滑不分枝 | 触角芒，分枝，呈丛羽状 |

蚕蛆蝇在我国各地发生的代数不一样；广东每年可发生13～14代；四川7～8代，江浙一带6～7代；东北最少，一般每年只发生4代。每个世代所经历的时间，因温度而异，温度越高，时间越短，在25℃下卵期1.5～2d，幼蛆在5龄蚕体内寄生经4～5d，蛹期10～12d，成虫6～10d，以蛹越冬，越冬的蛹在土中可长达数月之久。

刚产的卵，附着于蚕的体壁上，卵胶尚未凝固之前，极易脱落，经过一定时间后，卵壳收缩变硬，牢固地黏附蚕的体壁，在25℃下约经36h以上即行孵化，孵化前卵壳背面稍稍凹陷，幼蛆咬穿卵壳，再锉开蚕体壁侵入寄生，卵壳背面凹陷处成一小孔，即为幼蛆呼吸的通道。幼蛆侵入蚕体后，并不深入体腔，只寄生在体壁与肌肉层之间，以脂肪和血液为食，并迅速长大，同时在蛆体周围形成一个喇叭形的鞘套，鞘套随蛆体的长大而增大，加厚并变黑。蛆体在寄主体内经过3个龄期而成熟，寄生天数与蚕的龄期有关。蚕龄越大，蛆体发育越快，寄生时间越短。5龄初期寄生的，多在上蔟前脱出，5龄中后期寄生的，大多在营茧终了或化蛹后脱出，蚕茧也成蛆孔茧，如茧层太厚，蛆体不能咬穿，则成锁蛆茧。蛆孔茧与锁蛆茧均不能缫丝。温度越高，蚕儿发育越快，蛆体的发育也相应增快，使用保幼激素，可使蚕的5龄经过延长，蛆的发育也相应延长。蛆体成熟后，从蚕体病斑处脱出。脱出的蛆体有向地性和背光性，爬向黑暗的墙角，钻入土中化蛹，一般入土深度在2.5～4cm。如土过硬或水泥地面，蛆钻不进去，可就地化蛹。化蛹时，不脱皮，静伏不动，躯体收缩，体色由淡黄转为红褐色，随后逐渐加深。蛹在土中如遇水浸，可窒息而死。

越冬的蛹，到春天气温上升时，即开始羽化。成虫以植物的花蜜和汁液为食，取食1～2d后，雌蝇的生殖腺逐步成熟，进行交配，雌雄都能多次重复交配。交配后的第二天，开始寻找寄主产卵。雌蝇的嗅觉极为灵敏，凭借家蚕的气味进入蚕室，骤然降伏蚕体。以腹部及产卵管的感觉毛探寻产卵的适当位置。每产1粒，产后迅即跳开或飞伏另一蚕体继续产卵。蝇卵多产于蚕的第1～2环节或第4～10环节的节间膜处或腹足基部。一只雌蝇的产卵时间，可以延续4～6d。白天以中午为多，高温干燥天气多产，阴雨潮湿少产。每头雌蝇的产卵数因季节及寄主营养的不同而有差异，一般最多300多粒。所以一只雌蝇进入蚕室，如不采取防治措施，就要损失0.2～0.8kg蚕茧。产卵完毕后，蛆蝇即自行死亡。蚕蛆蝇除危害蚕业生产外，还可寄生柞蚕、蓖麻蚕、天蚕和樗蚕。同时它又是很多鳞翅目害虫的天敌。

**3. 诊断**

（1）观察病蚕体壁有黑褐色喇叭状、羊角状的特异性病斑。

（2）检查病蚕在病斑处出现局部肿胀扭曲的症状。

（3）病蚕体色呈紫色。

（4）病蚕有早熟现象。

有这四种症状中的一种即可初步诊断为本病。

## 二、虱螨病

虱螨病是由赫氏蒲螨外寄生于家蚕的幼虫、蛹、蛾而引起的疾病，过去一直称为壁虱病。此病在产棉区与棉区相邻蚕区的春季发生较多。

**1. 病症** 赫氏蒲螨危害蚕幼虫、蛹、蛾，但最喜寄生1～2龄蚕及嫩蛹。蚕儿被害后食欲减退、反应迟钝、吐液、胸部膨大并左右摆动、排粪困难，有时排链珠状粪或脱肛。3龄盛食蚕受害，尾部环节红肿，排红褐色污液。大蚕眠中受害多发生半蜕皮或不蜕皮蚕，起蚕体色发黄等。雌蛾受害后产卵少，不受精卵和死卵增多，雄蛾受害狂躁。

（1）蚕的病症。蚕儿受螨虫寄生后，食欲减退，行动呆滞、吐液，胸部膨大并左右晃动，有的排粪困难或排念珠粪。病蚕体壁上常见凹凸不平的粗糙黑斑。眠中被寄生时，多呈半蜕皮而死亡，尸体一般不腐烂（图6-6）。但在不同发育阶段，病症有着较大的差异。蚁蚕受害，病势急，死亡快，病症很不显著，易被当作中毒症，如仔细检查，有时也能见到寄生在尸体上的大肚雌螨。2～3龄受害蚕，大多胸部膨大，头部突出，体色灰暗，食欲不振或停止食桑。严重时，痉挛、吐液、体躯弯曲呈假死状，盛食后受害蚕，尾端略显红肿，排红色黏液，污染肛门，腹足失去把握力，侧倒死亡。4～5龄蚕受害，病势较慢，常见起缩、脱肛等症状，病蚕胸腹足皱褶处及腹面常有黑斑出现。眠

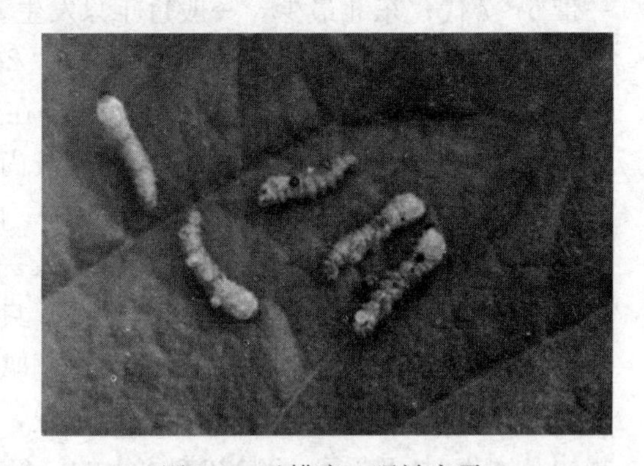

图6-6 虱螨病一眠被害蚕

蚕受害时，常显烦躁不安，头胸经常摆动、吐液，尾部常为红色黏液污染，蚕体腹面和胸腹足皱褶处黑斑明显，多呈不脱皮或半脱皮死亡。

（2）蛹的病症。螨虫多在蛹体的腹面环节间膜处寄生为害。蛹体被寄生后，肉眼可见小米或油菜籽大小的黄色球状的大肚螨虫。蛹体受害处显现很多黑色斑点，体色加深，常不能羽化而死去，尸体腹面凹陷，干瘪，不腐烂。

（3）蛾的病症。雌蛾受害，产卵极少，且多为不受精卵和死卵。雄蛾受害后，狂躁不安，多不能正常交配。

**2. 赫氏蒲螨的形态**　赫氏蒲螨属蛛形纲，蒲螨科，蒲螨属，为卵胎生。一世代经卵、幼螨、若螨、成螨4个阶段，卵在母体内发育成成螨产出，雌雄异体。产出的雌螨体淡黄，呈纺锤形；两端略尖，体长0.25mm，宽0.082mm。肉眼不易看清。头部小，略呈三角形，生有能自由活动的针状螯肢，其基部两侧有气门一对，前肢体段两侧几乎平直。后体段比前体段长近2倍，分成5节向末端逐渐缩小，生殖孔位于末端腹面，呈纵沟状态。体表及足肢，生有长毛，第一对足的末端有锐爪，第四对足末端各生肢毛一根，约为体长的3/5，与足肢成直角。交配后的雌成螨吸食蚕、蛹、蛾血液，末体段膨大较原来体躯增大近30倍成大肚雌螨（图6-7）。雌螨交配后，即寻找寄主寄生。其体色依寄主而异，寄生于蚕蛹为淡黄色，寄生于蚕的则为紫黑色。雄螨椭圆形（图6-8），长0.18mm，宽0.094mm。头部半圆形，口器近似雌螨。前肢体段三角形，背面生有少量长刚毛，气门退化，仅有贮气囊，而无气管，后体段拱形，边缘凹入，前、后缘直。末体段后缘腹面有琴板一块，板上生有一个交配吸盘，前3对肢类似雌螨，第四对肢的末端各有一只粗壮的钩爪。

图6-7　大肚雌螨

图6-8　雄性虱螨

**3. 赫氏蒲螨对家蚕的危害**　最严重的地区常常是既种棉花又栽桑养蚕的地方，或与棉区毗邻的地方。因为棉区收花时，常以蚕匾堆晒棉花或以蚕室作堆花仓库。大量棉花红铃虫进入蚕匾和蚕室的缝隙，赫氏蒲螨也随之进入蚕室越冬。春天温度回升后，大肚雌螨开始大量产仔，这批新产出的雌成螨，成了春蚕受害的螨源，所以春蚕受害最烈。根据四川射洪地区的调查，4～7月上旬虫口密度最大，7～8月高温期，因寄主缺少，虫口密度骤减。以后随着棉花的收获，红铃虫随棉花再度进入蚕室，使赫氏蒲螨获得寄主，再度大量增殖。调查资料表明，棉红铃虫的寄生率高达70%，每头红铃虫身上寄生的螨虫平均达到35只，可见其数量之多。夏蚕通常紧接在春蚕之后，受害也极严重，秋蚕则受害较轻。赫氏蒲螨对小蚕的危害最为严重，能发育成大肚螨。2龄次之，3龄以后虽也能寄生危害，但多不能发育成大肚螨，进行产仔繁殖。蚕蛹也是容易受害的阶段，特别是刚脱皮的嫩蛹，最易受到寄生。雌螨可在蛹体上发育增殖完成两个世代。老蛹因体壁厚硬，不易寄生。刚羽化的蛾，也可受到寄生。

**4. 诊断** 根据蚕、蛹、蛾病症疑为本病时，可将可疑蚕及蚕沙放于深色油光纸上，轻轻振动，见有淡黄色针尖大小的螨爬动，可确诊为本病。

## 三、蜇 伤 症

**1. 病症** 蜇伤症主要指的是桑毛虫和刺毛虫这两种害虫危害家蚕所引起的蚕病，它们身上长有毒毛，往往混在桑叶中而蜇伤蚕体，使蚕体上留下许多病斑。这种病斑大多分布在蚕体前半部的腹面，褐色，圆形，也有几个病斑连在一起而呈瓢形的，在诊断时应与其他疾病的病斑加以区别。

（1）桑毛虫蜇伤症。蚕体被毒毛螫伤后，体壁上留下明显的黑褐色病斑，圆形或2个连在一起呈瓢形，也有许多病斑聚集一起成不定型。大多分布在蚕体前半部的两侧或腹面，也有在腹足基部密布黑斑而成焦脚蚕（图6-9）。在显微镜下观察时，每个病斑的中央，都插有一根毒毛，这是与其他病斑所不同的一个特点。从1龄疏毛期后，各龄蚕均有可能受害，被蜇伤的蚕，发育缓慢，常迟眠迟起，多数在蔟中死亡。5龄被轻度蜇伤的蚕，也能上蔟营茧、化蛹，但茧形多不正，茧质也差，蛹体多呈畸形，而且大多不能化蛾。

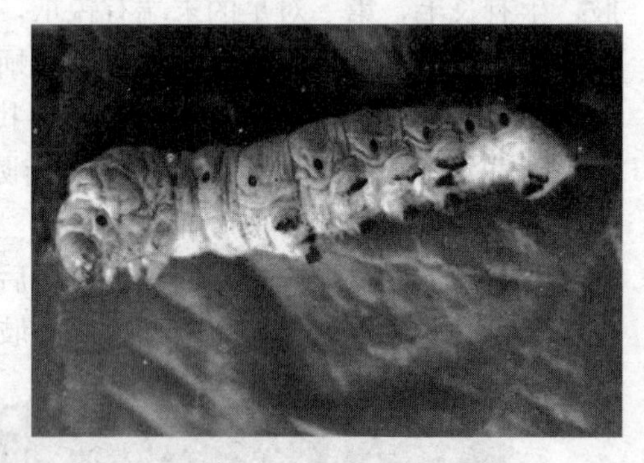

图6-9 家蚕焦脚症状

（2）刺毛虫蜇伤症。蚕体被刺毛虫蜇伤体壁后，同时将毒液也注入蚕体，使蚕发生中毒。蚕儿体壁被刺伤后，流出少量血液，凝固后伤口成黑褐色的圆形斑点，比桑毛虫的病斑大，而且病斑中央没有毒毛。受害较轻的蚕，一般经1～2h，即可恢复食桑，但发育缓慢，也有能结茧的，但茧质很差。重症蚕，发生痉挛挣扎，常达数小时，至1～2d死亡，尸体软化发黑。

图6-10 桑毛虫幼虫

**2. 形态特征**

（1）桑毛虫。又称毒毛虫、全毛虫等，是桑树主要害虫盗毒蛾的幼虫（图6-10）。身体各环节生有大小不等的许多突起，每个突起上都生有形状不一，红、黄、蓝颜色不同的细毛。在虫体亚背线和气门下线突起上的细毛有毒，特称毒毛或蜇毛。毒毛针状，基部尖细，先端分作3岔或4岔，毛为中空的管状，内藏蚁酸和毒性蛋白类物质。第一腹节亚背线上着生的毒毛，从2龄开始即具有毒性，其他毒毛要从5龄开始，才具有毒性，一条桑毛虫的毒毛可达数万根之多，且极易脱落飞散，随桑叶进入蚕室，危害蚕体。

（2）刺毛虫。又称洋辣子，是桑园害虫刺蛾的幼虫。刺蛾的种类很多，幼虫的形状，颜色也不一样，但对蚕的蜇害雷同。刺蛾是多食性昆虫，幼虫没有腹足，而以类似吸盘的东西吸着物体，体背有 6 对瘤状突起，两侧有 9 对突起，每一个突起上都生有 10 多根毒毛，毒毛长而硬，中间空，也藏有酸性毒液。这种毒毛不会脱落，只有幼虫随桑叶进入蚕座，直接触及蚕体才能蜇伤，这点与桑毛虫完全不同。

## 实践一　蝇蛆病病症及蚕蛆蝇各变态期的形态观察

### 一、实践目的

认识蝇蛆病的病症和蛆蝇各变态期的形态。

### 二、实践场所与材料

**1. 地点**　蚕病实验室。

**2. 材料工具**　显微镜，放大镜，解剖器（全套），载玻片等。蝇蛆病蚕（活体），蚕蛆蝇、蛹、卵、普通麻蝇。

### 三、实践方法与步骤

**1. 病症观察**　蝇蛆病是由多化性蚕蛆蝇产卵于桑蚕体壁表面，孵化后的幼虫（蛆）侵入蚕体内寄生而引起的蚕病。一般家蚕从 3～5 龄期常带有卵壳，当卵壳脱落后可见一孔，即为幼蛆呼吸的孔道。由于蛆体长大，致使蚕体环节肿胀或向一侧扭曲，病蚕体色有时呈紫色。病蚕一般出现早熟现象。观察病症时，取病蚕，先用肉眼观察病蚕体表面上的长卵圆形乳白色的蝇卵，黑褐色病斑和病蚕体形、体色等实际情况，再解剖病蚕，了解蝇蛆的寄生情况。

**2. 蚕蛆蝇各变态期的形态观察**

（1）成虫。由头、胸、腹三部分组成，雄大雌小。胸部背面有 4 条黑色纵线，中胸有翅 1 对，后胸有 1 对由后翅退化的平衡棒。腹部外观上只见 5 个环节，第一节黑色，其余各节前半节灰黄色，后半节黑色形似虎斑。蚕蛆蝇的形态观察时，取蝇观察头、胸、腹三部分与上述蛹的形态对比，将对比结果记入实验报告中，然后再取卵胎生的普通麻蝇与蚕蛆蝇作对比观察。

（2）卵。取蝇卵 1～2 颗，置于载玻片上用显微镜观察，对卵的形状从背面、腹面做仔细的观察。

（3）幼虫（蛆）。取蝇蛆 1～2 头用放大镜观察蛆的体形、色泽、环节、口钩、气门等。

（4）蛹。取蛹 1～2 头用放大镜观察蛹的形态、色泽、环节、口钩及后气门的痕迹等。

### 四、实践小结

1. 绘制蚕蛆蝇各变态时期的形态图。

2. 比较蚕蛆蝇与麻蝇的外形并填写表 6-2。

表 6-2 蚕蛆蝇与麻蝇形态比较

| 项目＼蝇类 | 蚕蛆蝇 | 麻蝇 |
| --- | --- | --- |
| 体形、体色 | | |
| 胸背纵线 | | |
| 腹部花纹 | | |
| 触角 | | |
| 其他 | | |

# 实践二 虱螨病的病症和虱螨的形态观察

## 一、实践目的

认识虱螨的形态和虱螨病的病症。

## 二、实践场所与材料

**1. 地点** 蚕病实验室。

**2. 材料工具** 载玻片、盖玻片、恒温箱、显微镜、放大镜、毛笔、脱脂棉、漏斗、酒精灯等。贝氏氯醛树胶液。虱螨病蚕或虱螨寄生的棉铃虫、虱螨标本。

## 三、实践方法与步骤

**1. 病症观察** 虱螨对家蚕的幼虫、蛹、蛾都能寄生为害，尤以1～2龄眠蚕和嫩蛹受害较为严重。一般春蚕、夏蚕发病多，秋蚕发病较少。观察时取事前被虱螨寄生的病蚕，用放大镜观察病蚕的体色、体态、斑点、食欲、吐液、排泄等病症，将观察结果记入实验报告中。人工捕捉虱螨寄生蚕体，虱螨受惊后往往逃失，最好取寄生有虱螨的红铃虫，直接放入小型能密闭的蚕座中，即能得到被虱螨寄生的家蚕。

**2. 虱螨形态观察** 为害家蚕的虱状恙螨是卵胎生，经过卵、幼虫、成虫、母虫4个变态阶段。卵和幼虫的发育阶段都在母体内完成，刚从成熟母虫体内产出的小螨为淡黄色，体很小。雌螨纺锤形，体长0.25mm，宽0.082mm；雄螨椭圆形体长为0.18mm，宽0.094mm，肉眼不易识别，在深色而清洁的纸面上或清水静置的水面上才可见到螨的移动。可借助于放大镜观察。刚产出的小螨雄少而雌多，雄螨占4%～7%，雌螨与雄螨交配后寻找寄主寄生，吸取寄主的营养逐渐生长发育为成熟母虱，成熟母虱腹部膨大呈球形（直径1～2mm），体呈淡黄色或黄褐色，通常称为大肚雌螨，不再爬行，黏附蚕体取食，待产完小螨后萎缩而死。虱螨寄主很多，能寄生于鳞翅目、鞘翅目、膜翅目等昆虫的幼虫、蛹和成虫。观察虱螨时，取寄生蚕体的雌螨或寄生红铃虫体上的雌螨和成熟的母虱，用放大镜观察雌螨的体形、体色及体部的螯肢、气门、生殖孔、长毛、锐爪等附器。再取雄螨标本观察，比较雌、雄螨的形态特征，最后进行虱螨标本片的制作。方法是：取清洁载玻片，滴贝氏氯醛树胶液一滴于载玻片正中处，然后用小楷毛笔取虱螨置胶液中，盖上盖玻片，放入28℃

恒温箱中 1～2d 即可。贝氏氯醛树胶液的配制：灭菌水 20mL，水合氯醛 6g，阿拉伯树胶 15g，葡萄糖浆 10mL，冰醋酸 5 mL，将阿拉伯树胶溶于水中，待稍冷后再加其他药品，渐渐加热，用消毒细棉布从热漏斗过滤即成。

## 四、实践小结

1. 绘出虱螨病蚕的症状示例图。
2. 绘制雌雄虱螨的形态图。

## 应会技能

1. 熟悉蝇蛆病的病症及诊断方法。
2. 掌握虱螨病的识别方法。
3. 学会蜇伤症的识别方法。

## 任务考核

理论与实践相结合，多元化评价。考核评价内容见表 6-3。

**表 6-3　识别节肢动物病**

| 班级 | | 姓名 | | 学号 | | 日期 | |
|---|---|---|---|---|---|---|---|
| 训练收获 | | | | | | | |
| 实践体会 | | | | | | | |
| 考核评价 | 评定人 | 评语 | | | | 等级 | 签名 |
| | 自我评价 | | | | | | |
| | 同学评价 | | | | | | |
| | 老师评价 | | | | | | |
| | 综合评价 | | | | | | |

## 思考练习

1. 节肢动物病蚕有哪些共同的症状？
2. 节肢动物病蚕的典型症状是什么？
3. 如何准确诊断节肢动物病？

## 任务拓展

1. 怎样才能识别桑园害虫受节肢动物危害的症状？

2. 养蚕过程中一旦发现节肢动物病，如何根据其发生情况控制它的危害？

# 任务二　防治节肢动物病

## 任务目标

知识目标：掌握不同类型节肢动物病的发生规律。

能力目标：掌握节肢动物病的防治理论和方法，为生产中上防治打下基础。

情感目标：体会养蚕的辛劳，培养学生养成一丝不苟、精益求精的学习态度。

## 任务描述

针对不同的节肢动物病，根据其不同的传染途径、影响因素，在生产上有不同的防治方法。本任务要求学习生产上常见节肢动物病的防治措施，加深对家蚕节肢动物病有效防治的认识。

## 应知理论

### 一、蝇蛆病的防治

首先搞好环境卫生。减少蝇化蛹的场所，蚕房装防蝇设备，防蝇进入室内。

其次用灭蚕蝇杀灭。灭蚕蝇对蝇卵有触杀作用，给蚕添食或体喷，均能进入蚕体，将寄生的幼蛆杀死。5 龄蚕使用的剂量按纯品计算，如达到 40～60μg/g 蚕体重，杀蛆率可达 90%以上，而对蚕的体质、生命力及茧质均无不良影响，对 5 龄蚕每头即使口服 1000μg 也不致死亡，要服食到 1400μg/g 蚕体重，方能引起急性中毒。而对于幼蛆来说，只要 0.33～0.40μg/g 蛆体重，即可致死，说明灭蚕蝇药剂对蚕与幼蛆之间有明显的选择性。灭蚕蝇使用方法可用体喷法，即用含有效成分 25%的“灭蚕蝇”1mL 加水 300mL，在给桑前 30min 喷洒蚕体，以湿润为度，4 龄用 1 次，5 龄第二、四、六天各一次。还可用添食法，即用 25%的灭蚕蝇 1mL 加水 0.5kg，喷到 5kg 桑叶上给蚕添食，添食时间同体喷法。使用“灭蚕蝇”时应注意先将药液搅匀，用药前后 4～6h 内不宜在蚕座内撒石灰等碱性药物，以免降低药效。

另外，可利用蚕蛆蝇的天敌来进行蛆蝇病的防治，如蚂蚁、步行甲虫、寄生蜂等昆虫、蛙类和家禽等都是蚕蛆蝇的天敌；还有曲霉素真菌也可寄生蛆蛹。这些都可抑制蚕蛆蝇的增殖。

### 二、虱螨病的防治

**1. 杜绝传染源**　蚕具不能用来晒棉花，蚕室不用能来当棉花仓库，稻草要消毒，防止螨类在红铃虫或其他昆虫身上寄生越冬。

**2. 消毒杀螨**　养蚕前可用500倍液的三氯杀螨醇喷洒杀螨，或用硫黄30～40g/$m^3$熏烟杀螨，养蚕期一般用杀虱灵3g/$m^3$熏20min开窗换气15min再给桑，两天一次，熏3次后就可消除危害，也可用灭蚕蝇1龄1000倍液、2龄500倍液、3龄以后300倍液喷洒后立即除沙换匾。

## 三、蜇伤症的防治

**1. 防止蜇伤症的关键是消灭桑园害虫**　特别是桑毛虫，一年发生数代，且以幼虫越冬。所以每个蚕期均能受其危害。不仅影响桑叶的产量、质量，直接蜇伤蚕体，还可传染多种疾病，并引起采叶人员发生的桑毛虫皮炎。应切实做好防虫、治虫工作。

2. 日常采叶中，在可能的条件下，尽量不采虫口叶和附着大量毒毛的桑叶，防止将虫体和毒毛带入蚕室。一旦发现毒虫，要立即杀除。

## 应会技能

1. 熟悉蝇蛆病的防治方法。
2. 掌握虱螨病的防治方法。
3. 掌握蜇伤症的防治措施。

## 任务考核

理论与实践相结合，多元化评价。考核评价内容见表6-4。

**表6-4　防治节肢动物病**

| 班级 | | 姓名 | | 学号 | | 日期 | |
|---|---|---|---|---|---|---|---|
| 训练收获 | | | | | | | |
| 实践体会 | | | | | | | |
| 考核评价 | 评定人 | 评语 | | | | 等级 | 签名 |
| | 自我评价 | | | | | | |
| | 同学评价 | | | | | | |
| | 老师评价 | | | | | | |
| | 综合评价 | | | | | | |

## 思考练习

1. 如何有效预防节肢动物病？
2. 发现节肢动物病，应如何采取应急措施？

3. 对于不同的节肢动物病，如何采取有针对性的防治措施？

## 任务拓展

1. 如何用灭蚕蝇有效预防寄生蝇危害家蚕？

2. 如何采取综合防治措施来防治虱螨病的发生？

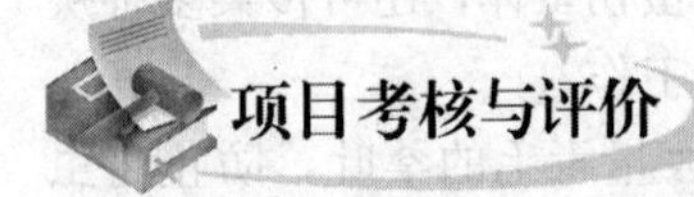

## 项目考核与评价

本项目的考核内容：

1. 正确认识节肢动物病的典型病症，在养蚕实习中能够正确识别蝇蛆病、虱螨病、蜇伤症。

2. 理解节肢动物病的发生规律以及防治方法，结合养蚕实习，掌握防治节肢动物病的方法。

考核方式主要以参与项目任务的学习实践成效来评价，突出项目任务实践活动的方案、过程、作品及总结等，兼顾学习态度、知识掌握、团队合作、职业习惯等方面进行综合评价。坚持评价主体的多元化，通过自我评价、同学互评、教师评价及师傅评价等多元化评定学习成绩。评价结果分为优秀、良好、合格、不合格 4 个等次，对于不合格的不计入项目学习成绩，要重新学习实践，确定通过评价取得合格以上成绩（表 6-5）。

**表 6-5 项目考核方法与评价标准**

| 项目名称 | 识别和防治节肢动物病 | | | | | | | | | | | | |
|---|---|---|---|---|---|---|---|---|---|---|---|---|---|
| 评价项目 | 考核评价内容 | 自评 | | | 互评 | | | 师评 | | | 总评 | | |
| | | 优秀 | 良好 | 合格 | 优秀 | 良好 | 合格 | 优秀 | 良好 | 合格 | 优秀 | 良好 | 合格 |
| 学习态度（20 分） | 评价学习主动性、学习目标、过程参与度 | | | | | | | | | | | | |
| 知识掌握（20 分） | 评价各知识点理解、掌握以及应用程度 | | | | | | | | | | | | |
| 团队合作（10 分） | 评价合作学习、合作工作意识 | | | | | | | | | | | | |
| 职业习惯（10 分） | 评价任务接受与实施所呈现的职业素养 | | | | | | | | | | | | |
| 实践成效（40 分） | 评价实践活动的方案、过程、作品和总结 | | | | | | | | | | | | |
| | 综合评价 | | | | | | | | | | | | |
| 改进建议 | | | | | | | | | | | | | |

## 项目小结

节肢动物病是由节肢动物引起的家蚕病害总称，在各个养蚕地区和每个养蚕季节都有发生，春蚕期发病较少，夏秋蚕期发病比较常见。本项目我们学习了家蚕节肢动物病的种类、各种节肢动物病的症状及识别方法，掌握了节肢动物病的发病原因、发病规律，并针对不同的节肢动物病，掌握了不同的防治措施。

# 项目七

# 中毒症识别和防治

## 项目导学

某些有毒物质通过桑叶、气流等途径进入蚕室危害家蚕，使蚕体的正常生理机能遭到破坏，从而引起家蚕中毒症。能引起家蚕中毒的毒物种类很多，除各类农药外，还有工业废气及原料等。随着乡村工业的迅速发展，工业废气的污染日益严重，有些地区各种中毒引起的蚕茧损失甚至超过了各种传染性蚕病。因此，学会识别家蚕中毒病的症状，掌握中毒症病蚕的诊断技术，熟悉中毒症的预防措施，已经成为蚕丝业发展中的一项非常突出的工作。

## 任务一　识别中毒症

### 任务目标

知识目标：了解在生产中常见的中毒症种类；熟悉生产上中毒症的危害特点。

能力目标：能熟练分析中毒症发生的原因与危害状况；能正确诊断并有效防治中毒症。

情感目标：了解中毒症发生的原因，培养学生一丝不苟、严谨认真的学习态度。

### 任务描述

学会识别家蚕中毒症的症状，掌握中毒症病蚕的诊断技术，熟悉中毒症的预防措施。

### 应知理论

#### 一、农药中毒

因家蚕接触或误食受农药污染的桑叶而引起农药中毒，是生产中常见的非传染性蚕病，夏秋期尤其多见。农药的使用稍有不慎，就会引起蚕儿中毒。引起中毒的农药，常见的有有机磷杀虫剂、有机氮杀虫剂、拟除虫菊酯类杀虫剂及植物性杀虫剂等，根据农药作用的方式和进入蚕体的途径，可分为胃毒剂、触杀剂、熏蒸剂和内吸剂四大类。

**1. 症状**　多数农药引起的蚕儿中毒，有乱爬、胸部膨大、吐水、身体缩短、抽搐等症状出现，但由于各种农药的性质不同，中毒症状也有所区别（图 7-1 至图 7-4）。

图 7-1　中毒症状——乱爬

图 7-2　中毒症状——抽搐

图 7-3　严重中毒——吐水、缩短

图 7-4　中毒症状——茧形不齐

（1）有机磷农药中毒。有机磷农药种类很多，以敌百虫为例，敌百虫可通过接触、食下而引起中毒，潜伏期短。中毒蚕突然停止食桑，向四周乱爬，胸部膨大，痉挛、吐液、排不正形软粪或红褐色污液，有的有脱肛现象，濒死时腹足抽搐、前半身肿大，后几个环节收缩，麻痹死亡后尸体缩短（图 7-5、图 7-6）。其他有机磷农药中毒的症状也基本相似。

图 7-5　中毒症状——麻痹死亡

图 7-6　中毒症状——环节收缩

（2）有机氮农药中毒。

①杀虫脒中毒。蚕儿接触农药后，表现为拒食、兴奋、不停地乱爬、散座、吐浮丝等，全身肌肉不断抽搐，行动极不协调。中毒轻者隔毒后可结茧，重者慢慢死去。

②杀虫双中毒。蚕儿中毒后突然停止食桑，静伏蚕座内，体躯伸直，体色正常，不吐胃液。手触蚕体极软，排粪正常，脉搏跳动缓慢。一次性中毒轻者有的可复苏，重者几天后死去。

（3）除虫菊酯中毒。以敌杀死中毒为例，蚕刚接触有拒食现象，头胸紧缩并左右摆动。稍后胸部膨大、乱爬、吐大量胃液，继而出现痉挛、翻滚，蚕体扭曲死亡，尸体头部伸出，体躯弯曲成“S”形或“O”形。

（4）植物性杀虫剂中毒。以烟草中毒为例，蚕接触烟草后，突然停止食桑，头胸昂举不动，第一胸节收缩，胸部膨大，吐胃液污染蚕座，重者麻痹死亡，尸体缩短、弯曲。轻者能自然复苏。

（5）微量农药中毒。蚕食桑减少、发育不齐、体质弱，后期易发生病毒病死亡，有的上蔟后不结茧。

**2. 农药中毒的原因** 农药可以通过肠道、体壁及气门等进入蚕体，生理机能和新陈代谢均遭到破坏，引起中毒。

（1）有机磷农药中毒原因。有机磷农药中毒原因基本相似，以敌百虫为例：敌百虫对蚕有很强的胃毒作用，同时兼有触杀和熏蒸作用，致死剂量为20～50μg/头。因龄期及作用方式而有所区别。敌百虫进入蚕体，主要是抑制胆碱酯酶的活性，引起神经传导障碍而死亡。

（2）有机氮农药中毒原因。以杀虫双为例，杀虫双对蚕有胃毒和触杀两种作用。进入蚕体后，直接进入到蚕的神经细胞之间的结合部位，阻碍了乙酰胆碱的传导作用，使神经传导的过程中断，蚕即陷于麻痹瘫痪状态，甚至死亡。

（3）拟除虫菊酯农药中毒原因。拟除虫菊酯类农药对蚕均有很强的触杀作用，兼有胃毒作用。对桑蚕中枢神经的麻痹作用，是导致蚕中毒的主要原因。

（4）植物性杀虫剂（鱼藤精）中毒原因。鱼藤精的有效成分是鱼藤酮，对蚕有胃毒和触杀作用。鱼藤酮主要作用于呼吸系统，抑制谷氨酸脱氢酶的活性，从而使蚕体中的谷氨酸在谷氨酸脱氢酶的作用下，经氧化脱氨基作用，使三羧酸循环及氧化磷酸化作用的过程受到抑制，引起呼吸障碍死亡。

## 二、工厂废气中毒

因工厂排出的煤烟及废气侵袭附近的桑园，使桑叶受污染。蚕儿吃下受污染的桑叶，就要引起中毒，尤其是砖瓦厂、水泥厂、玻璃厂、镀锌厂、铸铁厂、磷肥厂等排出的含氟物质，对蚕桑生产的危害更大。实践证明，工业废气污染，不但使蚕茧产量降低，品质变劣，而且还是蚕病发生的重要诱因。

**1. 症状** 氟化物主要是通过大气污染桑叶，蚕儿食下含氟桑叶后引起中毒。一旦中毒，即表现为不食、不长、不眠的“三不”特征，严重时可见典型病斑和高节。但因桑叶含氟化物的浓度、家蚕的品种、龄期等不同，中毒症状也不一样。小蚕最为敏感，当桑叶含氟量超过30mg/kg时，即表现中毒症状：食欲明显下降，食桑极少，行动呆滞，胸部空虚，甚至通体透明，发育缓慢，迟眠迟起。2龄中毒蚕，龄期可长达170h。4～5龄蚕中毒，严重时，环节间膜凸起或出现红褐色斑块，并逐渐加深，甚至变成黑色环带状斑及节间膜处体壁脆弱，易破裂流出血液。4龄眠前出现黑斑，轻者一般多能在脱皮后消失，若不再食下含氟量高的污染叶，则能正常发育，上蔟结茧。5龄蚕抗氟性明显增强，中毒蚕多因其他传染性病原感染而发病死亡。如无传染性病原感染，也能结茧。但茧形极小，重症蚕死前有呕吐现象，尸体变黑，不易腐烂。常见氟气中毒症状如图7-7至图7-10所示。

图7-7　胸部空虚

图7-8　不能结茧

图7-9　黑色环带状斑

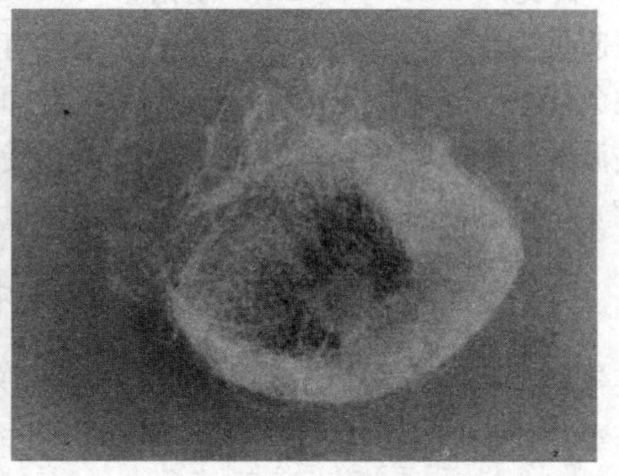

图7-10　结薄皮茧

**2. 中毒原因**　工业废气的种类虽然很多，但在当前农村中危害蚕桑生产的主要是氟化物。氟化物首先污染桑叶，再由桑叶引起蚕儿中毒。氟化物中以气态的氟化氢对桑叶的毒性最大。桑树在植物中对氟化物的抗性属于中等，30μg/kg接触12h，或200μg/kg接触1.5h，即引起桑叶受害症状。氟化氢进入桑叶叶肉后，溶解于水，成为氢氟酸，有强烈的腐蚀作用。先在叶尖和边缘聚积，使这部分组织坏死，产生淡红棕色，甚至黄褐色的坏死斑，显现出明显的酸害症状，随后逐渐向叶面扩展。病斑与健康的叶肉组织之间，常出现明显的暗绿色界线，随后桑叶凋萎，卷缩脱落。嫩叶受害，更易发生卷曲脱落。氢氟酸作用于叶绿体，使叶绿素受到破坏，桑叶发生脱绿现象。从叶尖和叶缘开始，沿着叶脉向叶面扩展，叶色由绿转黄，最后完全变成黄叶。氢氟酸还引起海绵组织的中毒，使组织细胞出现质壁分离。另一方面氟离子又与钙离子结合成难溶的氟化钙沉淀，使酶系统受到破坏，导致新陈代谢障碍，组织坏死，外表呈现黄褐色或深褐色的斑块。二氧化硫对桑叶的毒害首先表现在气门组织坏死，在显微镜下，可见黑色斑点。

**3. 废气中毒的影响因素**

（1）气象因素。氟化氢对桑叶的危害程度与气象因素关系很大。一般气温高，无风，特别是晴天，中午光照强，空气湿度大，污染范围小，但浓度高，近烟囱处的桑园受害更重。但当大气相对湿度饱和时，氟化氢已被溶解，减少了进入叶肉的量，危害反而轻。

（2）桑园的地理位置。我国幅员辽阔，但每个蚕区在养蚕季节，都有一些特定的气象环境，如沿海地区夏秋多东南风，冬春多西北风。桑园位置在生长季节如处在工厂的下风，受害就要严重得多。

（3）桑树品种不同，抗性差异很大。一般早生桑比晚生桑受害重。江浙地区，火桑就比湖桑受害重。

（4）桑叶的着生位置愈是下部叶，含氟量越高。枝条顶部的嫩叶要比下部的老叶的含氟量低。就同一片桑叶来说，叶尖和叶缘的含氟量比叶面中心区高。

（5）蚕的品种。蚕品种不同，对氟的抗性差别很大。一般日系品种抗性弱，中系品种抗性强，多化性品种抗性则比二化性强。但也有例外，如华合原蚕，桑叶含氟量20mg/kg，吃到3龄就已表现中毒症状，而浙农1号品种，桑叶含氟达110mg/kg，也不表现中毒症状。

（6）工厂性质和距离也与蚕中毒有关。如：金属工厂0.3～1.4km，磷肥厂0.6～0.7km，砖瓦厂0.15～0.7km，制铅厂3～10km，玻璃厂0.8～1.5km，瓷砖厂0.5～0.8km都能引起蚕中毒。由于气压与风速的关系，有时实际危害距离比以上要远得多。但有时在特殊气象条件下，整个大气含氟量较高，附近即使没有烟囱，也会出现污染中毒。还要注意高架污染源的影响，这种情况往往是距离远，受害反重，距离近的反而受害轻。

（7）中国现行春养蚕种一般当桑叶含氟量超过30mg/kg时，即能引起蚕儿中毒。

## 三、煤气中毒及其他

煤气中毒是指蚕室加温时直接用普通煤炉燃烧煤球或煤屑，由于燃烧不完全或煤中含有某种有毒物质而产生不良的气体，通过蚕的呼吸作用进入体内，引起中毒。

**1. 煤气中毒蚕症状**

（1）中毒轻的蚕儿表现为食欲减退，举动不活泼，静伏于蚕座中。严重中毒时，停止食桑、吐液、胸部膨大，尾部收缩而死，死后尸体头胸部伸出，有时环节间或气门附近有块状黑斑，体形有时呈“S”形；有时呈“弓”状，多数腐烂，稍经触动，即流出黑色污液。

（2）眠蚕中毒常成半蜕皮或不蜕皮蚕而死于眠中，尸体僵直，乌黑色，体壁紧张发亮。

（3）催青中发生煤气中毒多成为催青后期死卵，蚕卵大部分不能孵化，即使局部孵化也不齐一。

**2. 其他**

（1）若在桑园四边空隙地间作烟草，烟草在开花期，其毒物常污染桑叶，或用蚕匾摊晒烟叶时，使蚕具受到污染，从而引起蚕儿中毒，但面不大。偶尔也有烟蒂泡水治虫或在蚕室吸烟引起中毒的情况发生。中毒蚕经短暂兴奋后即进入麻痹状态。胸部膨大，头部与第一胸节紧缩，前半身昂举，上腭不停开合，摩擦有声，呕吐浓褐色液体，呈极度苦闷状态，进而排泄软粪或念珠状粪，渐次陷于瘫痪，腹足失去把持，倒卧蚕座。手触尸体，腹内似有硬块。不久发黑腐烂，但无臭味，如及早发现，立即脱离毒源，移置通风处，可以复苏，复苏后的蚕对体质与茧质均无大的影响，这是不同于农药中毒症之处。

（2）喂给蚕儿不充分成熟的桑叶时，由于叶中含有某些有害物质也会引起中毒，应有针对性地调查、分析、防治。如广东省的叶质中毒症，主要是桑树密植栽培，在高温多湿、阳光不足的情况下，荫蔽的桑叶同化作用受到影响，其中含有较多的游离氨基酸、酰胺及草酸，蚕儿食下这些叶子会引起中毒。

# 实践一　蚕常见农药中毒的症状观察

## 一、实践目的

通过农药添食试验，观察各种农药中毒蚕的症状，为正确识别农药中毒并采取应急措施打好基础。

## 二、实践场所与材料

**1. 地点**　蚕病实验室。

**2. 材料工具**　毛笔、量杯、有穴磁板、玻棒等。敌百虫、杀虫双、杀虫脒、杀灭菊酯、烟草、蒸馏水等。鲜桑叶，4～5 龄蚕等。

## 三、实践方法与步骤

常见的有机磷、有机氮、拟除虫菊酯类和烟草等农药，具有胃毒、触杀和熏蒸内吸等作用，对蚕有很强的毒性。关于中毒蚕的症状，由于农药的种类、浓度的不同，表现也不同，一般中毒的全过程可分潜伏、兴奋、痉挛、麻痹、死亡（或复苏）几个时期。当观察农药中毒蚕的症状时，可按这几个时期进行比较。

按先后次序取有机磷农药敌百虫、有机氮农药杀虫脒或杀虫双、拟除虫菊酯类农药杀灭菊酯和植物性杀虫剂烟草。将敌百虫稀释成 1000 倍液、杀灭菊酯稀释成 8000 倍液、杀虫脒稀释成 100 倍液，烟草配成 2%溶液，分别涂抹在桑叶上以不滴下药水为度，然后给蚕添食，按实验小组分组进行，注意观察蚕儿中毒过程中的症状，并详细记载。

## 四、实践注意事项

1. 在桑叶上涂抹农药时要把握好浓度和药量。
2. 观察中毒症状时一定要仔细且有耐心，并做好记录。

## 五、实践小结

1. 简要说明有机磷和有机氮等农药中毒后蚕儿的主要症状，并绘出示意图。
2. 将观察到的病症填入表 7-1。

表 7-1　添食不同农药的家蚕中毒试验统计

| 农药种类 | | 有机磷 | 有机氮 | 拟除虫菊酯 | 烟草 | 其他 |
| --- | --- | --- | --- | --- | --- | --- |
| 药名及浓度 | | | | | | |
| 中毒的方式 | | | | | | |
| 供试蚕 | 龄期 | | | | | |
| | 头数 | | | | | |
| 蚕对毒叶食态 | | | | | | |
| 中毒经过时间 | | | | | | |
| 中毒症状 | 行动 | | | | | |
| | 吐液 | | | | | |
| | 吐丝 | | | | | |
| | 排泄 | | | | | |
| | 脱肛 | | | | | |
| | 体形 | | | | | |
| | 其他 | | | | | |
| 中毒蚕（%） | | | | | | |
| 自然复苏（%） | | | | | | |

# 实践二　蚕废气中毒的症状观察

## 一、实践目的

认识废气中毒蚕的症状，为采取防治措施打好基础。

## 二、实践场所与材料

**1. 地点**　蚕病实验室。

**2. 材料工具**　铝质饭盒，氟化钠，氯化钠溶液，受污染桑叶，2～3 龄起蚕。

## 三、实践方法与步骤

工厂排出的废气成分相当复杂，其中以氟化氢及二氧化硫、氯气等毒性最强，这些有毒物质污染桑叶后导致蚕儿中毒。要观察蚕儿中毒的症状，先用有毒叶给 2～3 龄健康蚕添食，养在铝盒中观察蚕的中毒症状。有毒叶主要是氟化物吸附桑叶表面或进入叶肉组织形成毒叶。这种带毒叶给蚕吃下，即引起蚕儿中毒。

实验时用污染叶给健康蚕添食，按实验小组分组进行，由于废气中毒蚕一般表现为慢性症状，因此在添食毒叶后，必须在实验时间以外不断进行观察，并将观察情况记录下来（如没有氟化物污染叶时，可用氟化钠给蚕添食观察）。

## 四、实践小结

1. 简绘氟化物中毒蚕症状图。

2. 填写家蚕废气中毒记人表 7-2。

**表 7-2　家蚕废气中毒试验统计**

| 毒叶类别 | | 氟化物污染桑叶 | 煤烟桑叶 |
|---|---|---|---|
| 供试蚕 | 龄期 | | |
| | 头数 | | |
| 蚕对毒叶食态 | | | |
| 中毒经过时间 | | | |
| 中毒症状 | 食欲 | | |
| | 行动 | | |
| | 体色 | | |
| | 眠况 | | |
| | 吐液 | | |
| | 病斑 | | |
| | 排泄 | | |
| | 体形 | | |
| | 其他 | | |

## 应会技能

1. 熟悉各种农药中毒的病症以及诊断方法。
2. 掌握工厂废气中毒症的识别方法。
3. 学会煤气中毒及其他中毒症的诊断方法。

## 任务考核

理论与实践相结合，多元化评价。考核评价内容见表 7-3。

**表 7-3　识别中毒症**

| 班级 | | 姓名 | | 学号 | | 日期 | |
|---|---|---|---|---|---|---|---|
| 训练收获 | | | | | | | |
| 实践体会 | | | | | | | |
| 考核评价 | 评定人 | 评语 | | | | 等级 | 签名 |
| | 自我评价 | | | | | | |
| | 同学评价 | | | | | | |
| | 老师评价 | | | | | | |
| | 综合评价 | | | | | | |

1. 农药中毒病蚕有哪些共同的症状？
2. 如何准确诊断中毒症？

1. 怎样才能识别中毒病症状？
2. 养蚕过程中一旦发现农药中毒，如何采取应急措施？

# 任务二　防治中毒症

知识目标：了解中毒症的防治原理。
能力目标：掌握各种中毒病的防治方法。
情感目标：培养学生一丝不苟、严谨认真的学习态度。

当前我国蚕农大多是兼业经营，田间作物种类较多，虫害发生的时间、种类对农药的要求不同，治虫又无专人负责，因而经常出现农药乱配乱用的情况，很容易引起蚕儿中毒，使蚕业生产遭受重大损失，所以认真做好预防工作非常重要。本任务主要学习生产上常见中毒病的防治措施，并加深对家蚕中毒症有效防治的认识。

## 一、农药中毒的预防措施

**1. 防农药污染桑叶**　在桑园附近施药时应考虑残效期短的药物种类，注意施用时间、方法及风向等。以低施、泼浇和颗粒剂为好，不在桑园附近配农药，烟、桑不混种。

**2. 防蚕室、蚕具被农药污染**　蚕室及蚕具均不能存放农药，接触农药。保管农药的地方必须远离蚕房。农用喷雾器及蚕室用喷雾器不能混用。不在蚕室附近晒烟叶、烤烟叶。

**3. 防饲养员衣服、手脚携带农药**　养蚕期间养蚕员不接触农药，不用灭蚊剂、灭害灵之类。

**4. 桑园周边安全**　大田及邻里之间用药应互通情报，掌握各种药物对蚕的残效期，残效期过后采叶也应预先进行试喂。

## 二、发生农药中毒的急救措施

1. 发生农药中毒后，迅速打开门窗，或把蚕端到通风处，撤离材料，及时加网除沙、给新鲜桑叶。

2. 迅速查明来源，切断毒源，避免再中毒。

3. 解毒处理。小蚕用清水体喷，大蚕用清水淘洗 2min 后捞出阴干，有的可复苏，给鲜叶喂养；用具等用碱水洗后曝晒，有机磷中毒后还能吃叶的可适当添食阿托品。

4. 对轻中毒蚕和复苏蚕，应加强营养，给与适熟偏嫩叶，采取少量多回育，还可添食少量糖液。

## 三、工厂废气中毒的预防

1. 工厂与桑园的设置，必须统筹安排，合理布局，尽可能考虑到本地区养蚕季节的气象条件，如风向、降水等情况。

2. 工厂的烟囱要加高一些，以降低地面有毒气体的浓度，并安装防氟装置，积极开展“三废”的综合防治。

3. 对工厂附近的桑园，根据气象情况，灵活安排，划区采叶，小蚕用叶做到去除叶尖及叶缘，减轻危害，当桑叶中含氟量将近 30mg/kg 时，应限令砖瓦厂等停火一段时间，以保障蚕作安全。

4. 对受害桑叶可用喷灌机进行喷淋或用 0.5％～1％石灰浆浸渍处理后喂蚕，可以减轻危害。

5. 饲育抗氟蚕品种，如饲养“丰一×54A”等抗氟能力较强的品种。

6. 一旦发现蚕儿中毒，绝对不能轻易倒蚕，首先要进行严格分批、分级管理，并适当降低饲养温度；其次可以选采桑园中央偏嫩叶喂蚕，加强消毒防病措施。一般在有害工厂停工后，症状将迅速好转，同样可以获得高产。

## 四、煤气中毒的预防措施

1. 改进蚕室加温设备和方法　推广小蚕炕床或塑料薄膜覆盖育，减少蚕儿直接接触煤气的机会。

2. 若用煤球、煤屑加温时，要注意选择煤的质量或使煤炉着火后再拿进蚕室，室内定期开窗换气。

3. 发现中毒蚕时，迅速开窗换气，或将蚕儿移放到空气新鲜的地方，以后精心饲养尚能恢复正常。

## 五、烟草中毒的预防

1. 统筹规划，合理布局　当前烟草种植面积较广，但在蚕区尤其是重点蚕区尽量不要种植。

2. 通过桑园改造，使桑园集中成片并专业化　不在桑园内间作烟草，也不要在桑园四边种植，烟草种植地要远离桑园，因烟草开花期挥发的尼古丁最易污染桑叶，影响秋蚕饲养。也不要利用蚕匾摊晒烟叶。如晒过烟叶的蚕匾要用碱水浸泡并经反复清洗后，才能使用。

3. 不要在蚕室中吸烟，不要乱扔烟蒂。

4. 出现烟草中毒后，要立即移置通风处，待其苏醒恢复食桑后，给以优质桑叶。

## 应会技能

1. 熟悉常见农药中毒的预防方法及应急措施。
2. 掌握工厂废气中毒的预防方法。
3. 掌握煤气中毒及其他中毒症的预防措施。

## 任务考核

理论与实践相结合，多元化评价。考核评价内容见表 7-4。

**表 7-4 防治中毒症**

<table>
<tr><th>班级</th><th></th><th>姓名</th><th></th><th>学号</th><th></th><th>日期</th><th></th></tr>
<tr><td>训练收获</td><td colspan="7"></td></tr>
<tr><td>实践体会</td><td colspan="7"></td></tr>
<tr><td rowspan="5">考核评价</td><td>评定人</td><td colspan="4">评语</td><td>等级</td><td>签名</td></tr>
<tr><td>自我评价</td><td colspan="4"></td><td></td><td></td></tr>
<tr><td>同学评价</td><td colspan="4"></td><td></td><td></td></tr>
<tr><td>老师评价</td><td colspan="4"></td><td></td><td></td></tr>
<tr><td>综合评价</td><td colspan="4"></td><td></td><td></td></tr>
</table>

## 思考练习

1. 如何有效预防中毒病？
2. 发现中毒病，应如何采取应急措施？
3. 对于不同的中毒症，如何采取有针对性的防治措施？

## 任务拓展

1. 怎样才能既兼顾其他农作物治虫又不影响蚕桑生产？
2. 如何采取有效的预防措施来控制中毒病的发生？

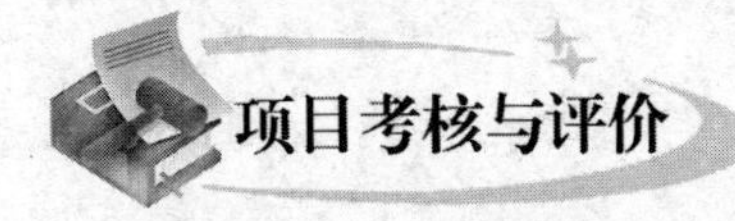

## 项目考核与评价

本项目的考核内容：

1. 正确认识各种农药中毒、煤气中毒、废气中毒等典型症状，并在养蚕实习中能够正确识别。

2. 理解各种中毒症的发生规律以及防治方法，结合养蚕实习，掌握防治中毒症的发生。

考核方式主要以参与项目任务的学习实践成效来评价，突出项目任务实践活动的方案、过程、作品及总结等，兼顾项目任务学习实践的过程，包括学习态度、知识掌握、团队合作、职业习惯等方面进行综合评价。坚持评价主体的多元化，通过自我评价、同学互评、教师评价及师傅评价等多元化评定学习成绩。评价结果分为优秀、良好、合格、不合格4个等次，对于不合格的不计入项目学习成绩，要重新学习实践，确定通过评价取得合格以上成绩（表7-5）。

**表7-5　项目考核方法与评价标准**

| 项目名称 | 识别与防治中毒症 | | | | | | | | | | | | |
|---|---|---|---|---|---|---|---|---|---|---|---|---|---|
| 评价项目 | 考核评价内容 | 自评 | | | 互评 | | | 师评 | | | 总评 | | |
| | | 优秀 | 良好 | 合格 | 优秀 | 良好 | 合格 | 优秀 | 良好 | 合格 | 优秀 | 良好 | 合格 |
| 学习态度（20分） | 评价学习主动性、学习目标、过程参与度 | | | | | | | | | | | | |
| 知识掌握（20分） | 评价各知识点理解、掌握以及应用程度 | | | | | | | | | | | | |
| 团队合作（10分） | 评价合作学习、合作工作意识 | | | | | | | | | | | | |
| 职业习惯（10分） | 评价任务接受与实施所呈现的职业素养 | | | | | | | | | | | | |
| 实践成效（40分） | 评价实践活动的方案、过程、作品和总结 | | | | | | | | | | | | |
| | 综合评价 | | | | | | | | | | | | |
| 改进建议 | | | | | | | | | | | | | |

## 项目小结

家蚕中毒症是由某些有毒物质通过桑叶、气流及其他途径进入蚕室后作用于蚕体，使蚕体的正常生理机能遭到破坏而引起的一种非传染性病害，在各个养蚕地区和每个养蚕季节都有发生。本项目我们学习了家蚕中毒症的分类、各种中毒症的识别方法，掌握了不同类型中毒症的预防措施以及一旦发生中毒症如何采取应急措施进行处理。

# 项目八

# 消毒防病

## 项目导学

蚕病的发生是由病原、蚕体和环境三方面共同作用的结果，因此要预防蚕病的危害，必须采取消灭病原，切断传播途径，改善饲养环境，增强蚕体抵抗力等综合措施，才能有效地防止蚕病的发生，为蚕种和蚕茧的优质高产奠定良好的基础。本项目将带领同学们学习消毒防病具体操作规程，掌握消毒防病的常用技术措施。

## 任务一　消　　毒

### 任务目标

知识目标：理解消毒在养蚕生产上的意义，了解病原物的分布情况、消长规律以及病原的生活力情况，理解常见的消毒原理和技术。

能力目标：熟悉消毒防病的环节及生产上常用的消毒方法；熟练运用消毒技术，有效预防蚕病发生。

情感目标：从消毒工作的全面、细致方面，培养学生一丝不苟、严谨认真的学习习惯。

### 任务描述

由于蚕的体形小，结构简单，缺少完整的免疫系统，且生长期短，生长速度快，加上许多蚕病尚无有效的治疗方法，所以一旦染病，轻则减产，重则无收。因此蚕病防治必须要熟悉消毒防病的环节及生产上常用的消毒方法，熟练运用消毒技术，有效预防蚕病发生。

### 应知理论

任何一种蚕病的发生，都是有原因的，传染性蚕病的发生都是由病原微生物寄生引起的，没有病原微生物的感染，即使环境条件再差，体质再弱，也不会发生传染性蚕病。非传染性蚕病的发生也是有原因的。例如多化性蚕蛆蝇等生物的寄生，农药及工业废气中毒等。所以只要消灭了引起蚕病的原因，加强消毒防病，就可以有效预防蚕病的发生。

## 一、消毒的意义

消毒就是使用物理的或化学的方法，杀死病原微生物，使其不能危害养蚕、制种生产，这是贯彻“预防为主，综合防治”方针，夺取无病高产的基本措施。

**1. 病原物的分布** 各种传染性病蚕的排泄物、脱离物及其尸体等，是病原体的主要来源。因此，凡是养过蚕的蚕室或上过蔟的蔟室，不但蚕具、蔟具上，而且地面、墙壁、门窗、屋顶、灰尘、蚕室周围环境，堆放过蚕沙、旧蔟的地方，洗过蚕具的死水塘中，也都有大量病原微生物存在，特别是多次连续养蚕后，病原的扩散污染更为严重。因此，养蚕前、养蚕中、养蚕后都应彻底消毒，杀灭病原，以免蚕期发生蚕病。

**2. 病原的消长规律** 经过消毒，病原物明显减少，但随着蚕龄期推进，病原物数量又逐渐增多，到上蔟采茧后达到最高峰，蚕期所残留的新鲜病原物，由于时间短，致病力特别强，另外，桑园中患病昆虫的尸体和虫粪，也是极其重要的病原物来源。

**3. 病原的生活力**

（1）在空气中的生活力。微粒子孢子在阴暗潮湿处的生存时间最长可达 9 年。猝倒杆菌的芽孢生活力特别强，干燥情况下，可活 10 年以上，核型多角体在自然条件下，可存活 2～3年，在 4℃条件下保存，经过 20 年，还有存活的多角体。

（2）在土壤中的活力。质型多角体在发酵的堆肥中，经过 10d，埋藏堆肥内部的可被杀死，而在外部的仍有 70%的致病力，曲霉菌孢子埋入土下约 66cm 深，经过一年也不会死亡。

（3）在水中的生活力。质型多角体在水中可活 12 个月，微粒子孢子在水中要经一年零 4 个月才会死亡。

此外，病毒多角体、微粒子孢子等即使通过家禽家畜的肠道后，也照样能保持其活力。

综上所述，充分说明了危害家蚕的病原微生物分布极广，生活力、繁殖力很强，故必须做好消毒防病工作，最大限度地杀灭或减少病原微生物，否则，将导致蚕病的发生，使养蚕生产遭受损失。

## 二、消毒的原理和方法

**1. 物理消毒法** 就是利用日光、煮沸、蒸气等方法来杀死病原物。

（1）日光消毒。一方面是靠紫外线使病原体的蛋白质变性凝固；另一方面是使病原体受热干燥，从而加速其死亡。

（2）煮沸消毒。把一些小蚕具，放在锅内加水煮沸，利用高温使病原体蛋白质变性凝固，从而失去活力，煮沸应保持 30min 以上，再取出晒干。

（3）蒸汽消毒。利用蒸汽的高温使病原体蛋白质凝固变性而死亡。

**2. 化学消毒法** 运用不同药剂的化学作用，使病原体的蛋白质氧化、还原或者溶解、凝固，从而使其死亡。

（1）液体消毒。把药剂溶解于一定量的水中，然后取其澄清液或混浊液进行喷洒或浸渍，杀死病原体（图 8-1）。

（2）气体消毒。把药剂放置在铁锅或旧搪瓷面盆中，加热使其挥发或燃烧，利用其产生的气体把病原体杀死（图 8-2）。

图 8-1　混浊的石灰浆消毒　　　　图 8-2　气体消毒

## 三、消毒防病的主要环节

**1. 养蚕前消毒防病工作**　为了提高消毒效果，在消毒步骤上要求做到“一扫、二洗、三刮、四消、五刷”，即对蚕室蚕具进行“扫、洗、刮、晒、蒸、煮、浸、刷、喷、熏”等消毒，消毒过程中要做到“六要”，即“蚕室要扫得清、蚕具要洗得净、药剂要配得准、药液要喷得匀、室具要消得全、消后要管得好”。

**2. 重视蚕期中的消毒防病工作**

（1）隔离淘汰弱小蚕，重视蚕座消毒。

（2）加强蚕体消毒预防僵病。

（3）掌握易感期，做好消毒工作，加强起蚕和将眠蚕的蚕座消毒尤其重要。

（4）建立经常性消毒卫生制度，落实全面消毒措施。

**3. 及时进行养蚕后的消毒**　养蚕结束，采茧后，将所有蚕室、蔟室、蚕具等，先用1%有效氯漂白粉液或1%～2%石灰浆喷洒消毒一次，然后再行打扫，这样可以减少病原扩散，有利于下期继续养蚕。

**4. 常见影响消毒效果的因素**

（1）蚕室未打扫得干净。蚕室未达到眼看无脏痕、手摸无灰尘、内外都一样的要求。

（2）蚕具未洗净。清洗时未使隐藏的病原充分暴露出来。

（3）药剂未配得准。未按标准配制药剂，未掌握药物的性质，未满足作用时间，使药效未能充分发挥。

（4）药液未喷得匀。未能做到量用足、喷布匀、不留死角、保湿40min以上。

（5）室具未消得全。未能做到蚕室、蔟室、贮桑室、大小量具、室内室外处处消全。

（6）消后未管好。未能做到室具全面封存。

（7）药剂未选好。针对不同蚕病选择不同的消毒药剂。

（8）消毒方法未选准。对蚕室、蚕匾，蚕架、蔟具等消毒，常用药剂消毒法和蒸汽法，而对零星蚕具可用煮沸消毒或药剂消毒。

## 应会技能

1. 熟悉生产上常见蚕药的使用方法。

2. 理解物理消毒和化学消毒的原理及方法。

## 任务考核

理论与实践相结合，多元化评价。考核评价内容见表8-1。

**表8-1　消　　毒**

| 班级 | | 姓名 | | 学号 | | 日期 | |
|---|---|---|---|---|---|---|---|
| 训练收获 | | | | | | | |
| 实践体会 | | | | | | | |
| 考核评价 | 评定人 | 评语 | | | | 等级 | 签名 |
| | 自我评价 | | | | | | |
| | 同学评价 | | | | | | |
| | 老师评价 | | | | | | |
| | 综合评价 | | | | | | |

## 思考练习

1. 消毒对养蚕的意义有哪些？
2. 从消毒的原理上讲，消毒分为哪几种？
3. 影响消毒效果的因素有哪些？

# 任务二　切断传播途径

## 任务目标

知识目标：理解如何通过调整养蚕布局，减少病原的垂直传播；熟悉蚕体蚕座消毒技术。

能力目标：掌握桑叶消毒的方法；掌握常规的卫生制度，有效预防蚕病发生。

情感目标：通过严格的制度建设，培养学生遵守纪律、遵守蚕病防治操作规范的自觉性。

## 任务描述

由于病原在自然界广泛存在，消毒只能杀灭蚕室蚕具上已经附着的病原。本任务主要学习从预防蚕病发生角度出发，采取各种措施，切断病原的传播途径，减少与蚕接触的机会，从而有效预防蚕病的发生。

## 应知理论

消毒只能杀灭蚕室、蚕具上已经附着的病原，而病原在自然界广泛分布，所以彻底消毒只是局部的、相对的，要预防蚕病发生还需采取各种措施，切断病原的传播途径，减少与蚕接触的机会。

### 一、合理布局

我国除北方外，主要蚕区一年养蚕 3～4 次，广东、广西地区多达 8 次以上，多次养蚕一方面增加了病原对环境的污染，同时由于两期间隔太短，养蚕的消毒及其他准备工作都很紧张，增加了病原垂直传播的机会，使后期蚕受到多种疾病的威胁，产量很不稳定。因此需要妥善安排，充分利用桑叶，合理布局，提高经济效益。

**1. 保证相邻蚕期之间有一定的间隔时间** 有些地区，前后蚕期之间的间隔时间太短，甚至重叠。前期未上蔟，后期蚕种已收蚁，大小混养，无法彻底消毒和准备，养过蚕的蚕室、蚕具不经消毒就给小蚕使用，结果小蚕就易感染发病，产量极低，甚至无收。一般要求间隔时间至少要有一周左右。

**2. 因地制宜选养抗性蚕品种** 蚕的抗病性及抗逆性等主要是由遗传基因决定的，品种之间的差异性很大。各地气候环境、养蚕技术水平及设备设施条件等不同，对蚕品种的要求也不一样。春蚕期叶质和气象环境都比较好，一般养多丝量的品种，夏、秋期则以养抗性强的品种为主。但对部分条件好的地区，也可饲养多丝量品种。具体选用蚕品种时，一定要针对本地区的具体条件仔细考虑：

（1）桑叶条件。包括桑树品种、肥培管理水平、虫害情况、前期用叶情况等。

（2）养蚕技术水平及设备情况。包括历年同期蚕产量及质量情况，蚕室、蚕具的数量和质量、温湿度控制条件等。

（3）农业生产情况。作物种类、虫害情况及治虫的时间与养蚕用叶之间的关系、劳力有无矛盾等。

（4）桑园及蚕室附近有无排氟及其他有毒气体的工厂，风向如何，历年为害情况，尤其要注意新建工厂的性质及生产内容、排污情况。

### 二、小蚕共育

小蚕生长快，对叶质营养要求高，对环境的要求严，抵抗力弱，防病防毒的要求更高。我国养蚕农户的规模小，千家万户养蚕，设施条件也很不完善。小蚕集中共育，可以实行统一安排、统一饲养、统一管理，有利于贯彻先进的科学技术，有利于消毒防病，有利于防止农药和废气中毒，保障小蚕健康，为蚕茧的无病优质高产奠定良好的基础。尤其在相邻蚕期非重叠不可的情况下，更要说服养蚕农户，大力推行小蚕集中共育。因为在当前，每个农户饲养的规模很小，不可能做到大、小蚕绝对分开，病原的垂直传播的危险性很大，这种情况如不集中共育，很难取得蚕茧的稳产高产。

小蚕集中共育，一般要求有专用小蚕室和相应的饲养设施，有小蚕专用桑园，有掌握一定科学养蚕技术的管理人员能够严格按照标准进行消毒防病和科学饲养。通常饲养到3龄入眠结束。参加共育的蚕种，每张要求有健蚕21000头以上，迟、青蚕率不超过1%，绝对无病毒感染。

## 三、坚持蚕体蚕座消毒

易感期蚁蚕及各龄起蚕、熟蚕和嫩蛹，最易受到真菌的感染，蚁蚕及各龄起蚕与将眠蚕对病毒的抵抗力也最弱。因此，在收蚁时、饷食和就眠前以及上蔟时，实行蚕体蚕座消毒，显得格外重要，可以比较有效地防止病原菌的侵袭。有些蚕农惧怕起蚕消毒刺激太大，影响食桑，喜欢推迟到第二次给桑前消毒，这样做是不对的，将会降低防病的效果。同时撒药量的多少，也与消毒效果有密切关系。对照标准，用药量越少，防病效果越差，所以应该严格按照标准撒药。在进行蚕体、蚕座消毒的同时，要注意及时发现并淘汰病蚕。如不及时淘汰，也会影响蚕座消毒的效果。

## 四、推广桑叶消毒

桑树生长在田野，暴露于大气中，易受各种病原、农药及工厂废气的污染。尤其是夏秋蚕期，各种污染更为严重，对蚕作安全极为不利。如发现有上述情况发生，可用含有效氯0.30%的漂白粉液（一般1kg漂白粉液配水100kg），喷洒或浸渍桑叶后，稍稍晾干，再行喂蚕（图8-3）。浸渍的效果比喷叶效果好，但用药量大。浸渍方法：100kg药液可浸30kg桑叶，以连续浸3次为限。这样可杀灭病毒、原虫、真菌孢子和使卒倒菌δ-内毒素失去毒性，还可减轻污染的氟尘。

图8-3　桑叶消毒

## 五、坚持卫生制度

**1. 及时处理蚕粪及残桑**　除沙后的蚕粪及残桑要及时运走，不在蚕室周围堆放。有些地区蚕粪要用作养鱼或养羊饲料的，也要在远离蚕室的地方堆晒，藏好，不能到处乱堆。如已发生蚕病，则污染的蚕沙、旧蔟都要及时沤作肥料或烧毁，不能再作饲料。因蚕粪中所包藏的病原常常数以亿计。还混有各种病蚕的尸体等，更为危险。

**2. 及时淘汰病死蚕及弱小蚕** 蚕室要专门放置有消毒液的钵盂。发现病死蚕、弱小蚕要及时投入，不能随意乱扔，更不能用来喂饲家禽，因病原经过家禽的肠道并不能被杀死，反而增加病原扩散污染。

**3. 注意卫生** 养蚕人员在给桑前和除沙后都要及时洗手，平时进入蚕室要穿干净衣服，最好穿白色工作服。还要注意用具卫生，桑叶篰和贮桑室更应经常消毒。蔟沙篰和桑叶篰要严格分开，不能混用。蚕室地面及空间每周喷雾消毒 2～3 次。

**4. 保护水源** 水源如受到污染，将严重威胁蚕作安全。因此未经消毒的蚕具，特别是发病蚕室的蚕具，不能直接拿到河港或井边去洗，更不能把病死蚕直接抛入河中，以免水源受到病原污染。工厂也不能把有毒的废水直接排入河港。

## 应会技能

1. 根据当地实际情况，合理布局蚕业生产。
2. 掌握蚕体蚕座消毒的方法。
3. 坚持卫生制度。

## 任务考核

理论与实践相结合，多元化评价。考核评价内容见表 8-2。

**表 8-2 切断传播途径**

| 班级 | | 姓名 | | 学号 | | 日期 | |
|---|---|---|---|---|---|---|---|
| 训练收获 | | | | | | | |
| 实践体会 | | | | | | | |
| 考核评价 | 评定人 | 评语 | | | | 等级 | 签名 |
| | 自我评价 | | | | | | |
| | 同学评价 | | | | | | |
| | 老师评价 | | | | | | |
| | 综合评价 | | | | | | |

## 思考练习

1. 为什么要小蚕共育？
2. 坚持卫生制度需要做到哪些？

# 任务三　加强饲养管理

## 任务目标

知识目标：熟悉催青保护技术。

能力目标：掌握良桑饱食、提青分批技术，熟练掌握通过控制气象环境、选用优良品种等措施有效预防蚕病发生。

情感目标：培养学生树立全面意识，养成细心、耐心、一丝不苟、严谨认真的学习习惯。

## 任务描述

蚕病的发生，是蚕体、病原和环境三方面因素相互作用、相互影响的结果。对于传染性蚕病来说，病原是主要的，如果没有病原存在，即使体质再弱，环境条件再差，也不会发生传染性蚕病。反之在大量病原存在的情况下，即使体质再强，环境再好，也很难避免发生传染性蚕病。但若蚕体质较差，环境又不利于蚕生长，即使只有微量病原也能引起蚕发病。本任务主要着眼采取杀灭病原的同时控制环境条件，加强饲养管理等综合措施，增强蚕体抗病能力，使得即使有少量病原存在情况下，蚕儿也不致生病。

## 应知理论

蚕的生理状态与蚕病的发生有非常密切的关系。良好的饲养管理是保持蚕儿良好的生理状态的关键。做好催青保护、良桑饱食、提青分批、控制气象环境和选用优良蚕品种，都能有效预防蚕病的发生。

### 一、重视催青保护

蚕卵在催青过程中，如保护不当，将会直接削弱稚蚕的抗性，增加感染各种疾病的机会。因此，催青期蚕种保护要严格按照标准调节温湿度，而且要分布均匀，努力避免过高或过低温度的影响，同时空气和光线也不能忽视。蚕种的运送，要防止高温和震动。运输途中不能堆压，防止发热和接触有害气体。可选择带空调的蚕种运输专用车辆，为蚕种的安全运输创造良好条件。

### 二、重视桑园建设

做到良桑饱食，首先要选栽适合当地的优良桑品种，同一块桑园，品种尽可能不要混杂。蚕种场必须有稚蚕专用桑园，注意桑园治虫，加强肥培管理，预防环境污染，这样才有可能做到叶质优良。有了优质桑叶，在采摘、运输和贮藏过程中，要保证蚕儿吃到优质桑叶。要注意采摘的时间。原则上上午多采，下午少采，以够吃为度。采好的桑叶要松装快运。贮桑室要阴凉湿润。桑叶在贮存中，不要将水直接喷洒在桑叶上，尤其夏秋天气，以防高温下细菌滋生。如桑园虫害较多，要进行叶面消毒。要按照蚕龄发育情况，掌握给桑量，使蚕既能吃饱，又不浪费。饥饿将会削弱蚕对疾病的抵抗力，尤其是在高温条件下，饥饿的不良影响更大。还要注意避免吃湿叶，如遇连续下雨天气，不得不吃湿叶时，可适当减少给桑量，增加给桑次数，加强通风换气和注意蚕体蚕座消毒，必要时可熏烟排湿和防僵。并勤除沙，使蚕座尽量干燥。

## 三、保持饲育整齐

在饲养过程中，由于温度和叶质的影响，例如同一间蚕室中靠近墙壁的地方与中央、上层与下层之间，温度的分布就不一致，叶质的老嫩、厚薄也不相同，因而蚕的发育不可能完全齐一。因此眠起处理中，要及时提青，严格分批。迟批蚕可放在温度偏高的位置，这样下个龄期就可一致起来，如不分批，常会出现同一匾中既有青头，也有眠蚕和起蚕的现象。这样做不利于技术处理，而且很容易导致蚕病的发生和传播。蚕儿脱皮后，经一定时间，就要及时消毒后给桑。否则饷食推迟，起蚕消毒也相应推迟，不仅增加了真菌病原感染的机会，还因蚕在饥饿时偷食已经干瘪的残桑、口器容易受损，也易感染病原。

## 四、调节气象环境，保证蚕儿健康生长

蚕是变温动物，适温范围在20～30℃，小蚕以28℃左右为好，大蚕以25℃为宜，过高或过低，都对蚕体生理不利。蚕的生长速度，在一定范围内，确实是随温度的升高而加快的，但并不是温度越高发育越快，相反超过了一定范围，不但不能加快发育，反而使体质虚弱，如温度过高，饲料质量和技术跟不上时，对蚕的影响更大。高温可使蚕抗药力下降，感染疾病机会增多，所以1～2龄饲养温度应以28℃为中心，4龄蚕虽然已属壮蚕，但对低温仍然比较敏感，一般应控制在24℃左右为宜。温度太低龄期明显延长，太高也不利于发育。湿度的高低，主要影响桑叶的保鲜时间。就蚕体本身来说，不要求过湿，但干燥条件下桑叶水分蒸发快，容易干瘪，势必增加给桑次数，造成桑叶浪费。现在多采用少回育的方法，以节约桑叶和劳力，给桑次数的多少，关键在于桑叶保鲜的时间，保鲜时间越长，给桑次数可以越少。所以少回育的技术关键，在于桑叶的保鲜，小蚕呼吸量小，可以采用尼龙薄膜或炕房等防干育技术，进入3龄以后，通风换气日趋重要。

# 实践一　漂白粉有效成分的测定

## 一、实践目的

熟悉漂白粉有效成分测定的原理，掌握测定的方法和操作技术。

## 二、实践场所与材料

**1. 地点**　蚕病实验室。

**2. 材料工具**　电子天平、烧杯（250mL）、量筒（50～100mL）、滴定管、滴定架、容量瓶。蒸馏水、漂白粉、碘化钾、冰醋酸、0.141mol/L 硫代硫酸钠、淀粉液（1%）。

## 三、实践方法与步骤

先将检定的漂白粉准确称取 1g，倒入烧杯中加少量蒸馏水调成糊状，再加水 80～100mL 充分搅拌，然后加入碘化钾 3g 摇匀，此时试液变成褐色，再加入 2～3mL 冰醋酸（或 6mol/L HCL）后，试液呈棕红色，然后用 0.141mol/L 硫代硫酸钠滴定，当滴到淡黄色时要慢慢地滴到变成无色为止，再用淀粉（1%）作指示剂，仍然无色即为终点，关上滴定管活塞，记录用去的硫代硫酸钠毫升数，即可直接得知被检漂白粉的有效氯量，如用去硫代硫酸钠 25mL，则该漂白粉中含有效氯 25%（一般市售漂白粉含有效氯 28%～32%）。分析药液的配制：0.141mol/L 硫代硫酸钠液：取化学纯硫代硫酸钠 69.99g 用容量瓶加水溶解成 1000mL 即成。

## 四、实践小结

1. 为何在测定漂白粉有效氯时将硫代硫酸钠配成 0.141mol/L?
2. 在测定有效氯时应注意哪些问题方能提高准确度?

# 实践二　福尔马林有效成分的测定

## 一、实践目的

熟悉福尔马林等醛制剂有效成分测定的原理并掌握测定方法和操作技术。

## 二、实践场所与材料

**1. 地点**　蚕病实验室。

**2. 材料工具**　量筒、三角烧瓶、滴定管、滴定架、容量瓶等。福尔马林原液、0.05mol/L 碘液、1mol/L 氢氧化钠、1mol/L 盐酸、0.05mol/L 硫代硫酸钠溶液等。

## 三、实践方法与步骤

取 2.5mL 福尔马林，放入 250mL 容量瓶中加水至刻度，小心均匀混合，然后取样品溶液 10mL 放入三角瓶中加入 0.05mol/L 碘液 40mL，立即滴入 1mol/L 氢氧化钠，不断摇动瓶子直到液体呈现淡黄色为止。记载用去氢氧化钠的毫升数，静置 10～15min，加入比 1mol/L 氢氧化钠多 1～2mL 的盐酸使其酸化，此时溶液又重新出现棕黄色，再用 0.05mol/L 硫代硫酸钠液滴定，滴至试液淡黄色时加入 1%淀粉液 1～2 滴即变为蓝色，再继续用硫代硫酸钠液滴到无色透明为止。从加入的碘液中减去硫代硫酸钠液量，即得氧化作用中用去的碘溶液毫升数，再计算甲醛含量。分析药液的配制：0.05mol/L 碘液：取纯碘 12.69g，先溶于浓碘化钾（KI）溶液中（20g 碘化钾溶于少量水中），待碘全部溶解后，用容量瓶加水稀释至 1000mL。0.05mol/L 硫代硫酸钠液：取 24.8g 硫代硫酸钠于容量瓶中加水稀释至 1000mL 即成。1mol/L 氢氧化钠液：称取化学纯氢氧化钠（NaOH）40g，用容量瓶加水溶解成 1000mL。1mol/L 盐酸：取浓盐酸（HCI）80mL，加水至1000mL即成。1%淀粉：取可溶性淀粉1g，加少量水调成糊状，然后再加入100mL水中煮沸冷却。

## 四、实践小结

1. 说明漂白粉和福尔马林有哪些消毒作用？
2. 福尔马林消毒为什么要与石灰混用？

## 应会技能

1. 熟悉生产上常见蚕药的使用方法。
2. 掌握生产上常见蚕病的综合防治措施。

## 任务考核

理论与实践相结合，多元化评价。考核评价内容见表8-3。

表8-3　加强饲养管理

| 班级 | | 姓名 | | 学号 | | 日期 | |
|---|---|---|---|---|---|---|---|
| 训练收获 | | | | | | | |
| 实践体会 | | | | | | | |
| 考核评价 | 评定人 | 评语 | | | | 等级 | 签名 |
| | 自我评价 | | | | | | |
| | 同学评价 | | | | | | |
| | 老师评价 | | | | | | |
| | 综合评价 | | | | | | |

## 思考练习

1. 加强饲养管理应该从哪几个方面入手？
2. 对于不同的蚕病，如何采取有针对性的综合防治措施？

## 任务拓展

1. 怎样才能进行蚕病与农作物害虫的共同防治？
2. 如何采取有效的预防措施来控制蚕病的发生？

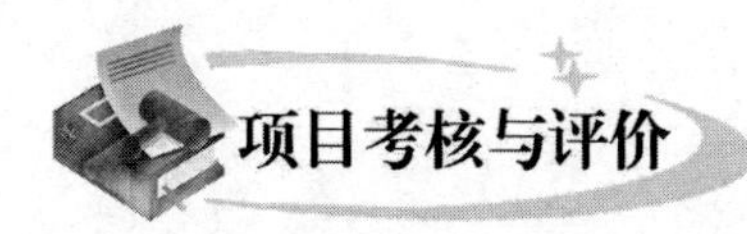

## 项目考核与评价

本项目的考核内容：

1. 正确掌握各种消毒药品的性质、特点及用法，并在养蚕实习中能够正确应用。

2. 理解蚕病的发生规律以及综合防治方法，结合养蚕实习，利用综合防治的原则与方法，防治蚕病的发生。

考核方式主要以参与项目任务的学习实践成效来评价，突出项目任务实践活动的方案、过程、作品及总结等，兼顾学习态度、知识掌握、团队合作、职业习惯等方面进行综合评价。坚持评价主体的多元化，通过自我评价、同学互评、教师评价及师傅评价等多元化评定学习成绩。评价结果分为优秀、良好、合格、不合格 4 个等次，对于不合格的不计入项目学习成绩，要重新学习实践，确定通过评价取得合格以上成绩（表 8-4）。

**表 8-4　项目考核方法与评价标准**

| 项目名称 | 消毒防病 | | | | | | | | | | | | |
|---|---|---|---|---|---|---|---|---|---|---|---|---|---|
| 评价项目 | 考核评价内容 | 自评 | | | 互评 | | | 师评 | | | 总评 | | |
| | | 优秀 | 良好 | 合格 | 优秀 | 良好 | 合格 | 优秀 | 良好 | 合格 | 优秀 | 良好 | 合格 |
| 学习态度（20 分） | 评价学习主动性、学习目标、过程参与度 | | | | | | | | | | | | |
| 知识掌握（20 分） | 评价各知识点理解、掌握以及应用程度 | | | | | | | | | | | | |
| 团队合作（10 分） | 评价合作学习、合作工作意识 | | | | | | | | | | | | |
| 职业习惯（10 分） | 评价任务接受与实施所呈现的职业素养 | | | | | | | | | | | | |
| 实践成效（40 分） | 评价实践活动的方案、过程、作品和总结 | | | | | | | | | | | | |
| 综合评价 | | | | | | | | | | | | | |
| 改进建议 | | | | | | | | | | | | | |

## 项目小结

在养蚕过程中，虽然采取了很多防病措施，但由于蚕是群体密集饲养，仍很难避免有个别蚕体感染疾病，若不及时诊断处理，也可能扩展蔓延，酿成大患。所以在饲养过程中，要有专人负责，加强观察，特别对迟眠蚕的观察，如发现有发病征兆，就要及时采取措施，不能拖延，更不能听之任之。对有明显发病征兆的蚕要及时挑出并进行蚕体、蚕座消毒。对挑出的病蚕，仔细观察、检查，确诊是何病种后，放入消毒盆中，同时要分析发病原因，采取相应防治措施，以防止病原的扩散与蔓延。

总之，蚕病的发生是由多种原因造成的，蚕病的防治也要全面考虑，采取综合措施，才能达到预期的目的。

# 主要参考文献

华德公，1996. 蚕桑病虫害原色图谱［M］. 济南：山东科学技术出版社.
华南农业大学，1987. 蚕病学［M］. 北京：农业出版社.
陆星垣，1988. 中国农业百科全书（蚕业卷）［M］. 北京：农业出版社
吕鸿声等译，1982. 昆虫病理学［M］. 杭州：浙江科学技术出版社.
青木清，1972. 蚕桑病虫害论［M］. 东京：日本蚕桑新闻出版部.
四川蚕业学校，1979. 蚕病学［M］. 北京：农业出版社.
四川蚕业学校，1984. 蚕病学实验实习指导［M］. 北京：农业出版社.
杨大桢，夏如山，1992. 实用蚕病学［M］. 成都：四川科学技术出版社.
浙江省嘉兴农业学校，1990. 蚕病学［M］. 北京：农业出版社.

# 附　录

## 一、家蚕病虫害标本的制作

**1. 瓶装整体标本的制作**

（1）材料收集。在生产或试验过程中，遇有典型病症或病变的病蚕，随时可把它收集起来。活蚕应先行饥饿一定时间，待体内粪便排尽后，用80℃左右的热水进行杀生。示病症的可用2%甲醛液固定在瓶内，每隔一天换药一次，更换2～3次后就用1%～1.5%甲醛液固定保存待装。示病变的可在杀生后立即解剖，把病变的组织器官取出固定在2%甲醛液中保存待装。将死或已死的病蚕，可不用杀生，直接进行固定或解剖后固定。另外，如一些已硬化了的真菌病蚕尸体，要先收集在灭菌的培养皿内，不让杂菌污染，让它长出气生菌丝和分生孢子。培养皿不要盖紧，否则体内水分不能蒸发，会引起内部腐烂。

（2）瓶装方法。先将标本瓶洗干净，瓶内配好大小适当的玻片。最好瓶盖恰好与玻片紧密相接，使玻片不易摇晃。

①浸渍标本。例如一些示病斑的僵病蚕、微粒子病蚕、蝇蛆病蚕、蜇伤症和血液型脓病在老熟前发病的脓蚕等，这些皮肤不易破裂的病蚕，可用绣花针在腹足基部穿一道或两道线缚住在玻片上，然后放入盛1%～1.5%甲醛液的标本瓶中，盖上盖子，用石蜡封口即成。如是皮肤易破的病蚕或一些示病变的器官，则只能先把病蚕或器官用溶解好的明胶黏贴在玻片上，待凝固后放入瓶内，贴上标签。在保存期间如发现药液发黄或减少，应随时更换或添加，使整个标本都浸在药液中。

②干燥标本。如做各种长着气生菌丝或分生孢子的真菌病蚕和多化性蚕蛆蝇的标本，就必须采取干燥保存的办法制作。真菌病用树胶把病蚕黏贴在玻片上，待充分干燥牢固后放入瓶中，瓶底放一些樟脑粉，防止生虫，然后用石蜡封口。苍蝇标本，可先收集蝇蛹，放在瓶内，待羽化后收捕活蝇，用乙醚或氯仿麻醉，将昆虫针在胸背部正中刺入，钉在层翅板上整形，待固定1～2d后，用泡沫塑料（或葵花秆芯）切成小方块黏在玻片上，然后把固定的蝇移插在上面，如昆虫针太长，可将露出在背上的剪去一段，瓶底放一些硅酸或氯化钙等干燥剂，以防腐烂发霉，但不能放樟脑粉。

**2. 涂片标本的制作**　各种蚕病的病原体，凡是显微镜下能观察到的均能制涂片标本，常用的蚕病病原制片法有以下两种：

（1）衬底法。将纯的病原微生物（如微粒子原虫孢子，病菌的分生孢子或在病蚕血液内的短菌丝，以及败血性细菌和病蚕胃液内的猝倒杆菌等）先涂于干净的载玻片中央，在其旁边点上一滴青黑精或墨汁（生物制片用的黑色素），选用另一片载玻片光滑的一端，把墨汁和病原体推混在一起，然后再来回推几下，让混有墨汁的病原体均匀地薄薄地涂在载片的中央一段，待自然干燥后，置高倍镜下观察就可见到一颗颗不着色的病原体，由墨底上很清晰均匀地衬托出来，以后可用回转盘将涂面修成圆形，滴上中性树胶，用盖玻片封片，贴上标签，便成永久的衬底标本片。

(2) 染色法。

①一般染色法。一般的病原细菌或真菌都能做成染色片。常用的染色剂为石炭酸复红、刚果红、石炭酸马尾藻红、结晶紫、甲基蓝等，染色方法按常规进行。

涂片→阴干→固定（火焰上来回 3～4 次）→染色（1～2min）→脱色→脱水（晾干或用吸水纸吸干）→封固。

注意脱色时必须掌握到菌体着色、玻片无色为适度，如玻片脱不清时，可用 95%酒精脱色，但时间不能长，滴上 1～2s 马上水洗，否则菌体要褪色。染色片不一定封片，有时封片后易脱色、变形，只要每次观察时加上一点蒸馏水盖上盖玻片即可，观察后应轻轻除去盖玻片，用吸水纸吸去水分，插入切片盒保存，这样保存时间较长久些。

②加热染色法。如 N、C 两种多角体，用一般染色法不易着色，必须用加热染色法才能使多角体染上颜色。N 多角体常用刚果红或石炭酸马尾藻红来染色，C 多角体用美蓝或甲基蓝染色。其方法是：先将多角体涂在载玻片上，让其自然阴干后滴上染料，置石棉网上用酒精灯加热染色，边加热边添染料不使烧干，经 8～10min，取下片子待冷却后用水脱色，脱色后见到载玻片上有红色或蓝色的斑迹就可肯定已被着色，在高倍镜下观察，即能见到一颗颗轮廓清晰的着色多角体，用中性树胶进行封片，可作为永久标本。

## 二、家蚕病毒的收集与保存

**1. 病毒的收集**

(1) 血液型脓病病毒的收集。将病蚕用漂白粉溶液先进行体表消毒，并用滤纸吸去水滴，剪去一两个腹足（注意不使消化管破损），让脓汁流出，经垫有一层棉花的巴氏漏斗（或玻璃漏斗）滤入玻璃瓶内。

若要收集大量脓汁时，还可将流去脓汁的尸体剖开，去掉中胃、头部及绢丝腺，加入灭菌水，置于研钵中研磨，经过滤即可收集大量的脓汁。

(2) 中肠型脓病病毒的收集。将本病蚕经漂白粉体表消毒后，逐头剖开蚕体，取乳白色的中肠，置于研钵中，加灭菌水研磨，经过滤即得中肠型脓病多角体悬浮液。

(3) 病毒性软化病病毒的收集。将病蚕经体表消毒后，逐头解剖，先检查中肠是否有中肠型脓病的可能，若没有，就取出病蚕的中肠，置于研钵中腐烂（不加灭菌水），涂于灭菌培养皿和玻片上，待干燥后刮下，即成含本病毒的组织干。因收集的组织干中较易混杂中肠型脓病病毒，可参照下列“病毒纯化”进行提纯。

**2. 病毒的保存** 用以下方法保存能较耐久地保持病毒毒力。

(1) 50%甘油保存在收集的新鲜多角体悬浮液中，加入等量的中性甘油，然后放入冰箱中保存。

(2) 真空低温干燥保存。将组织干（如血液型脓病血干，中肠型脓病和病毒性软化病中肠组织干等）放在真空干燥器内，用抽气泵抽掉空气，置于低温处（0℃）。此法较单独保存干燥环境中保持毒力的时间长些。

**3. 多角体的纯化** 用新鲜脓汁及 50%甘油保存的多角体添食接种，蚕儿有拒食现象，必须将上述材料经离心沉淀，得到较纯净的多角体悬浮液，方法如下：将脓汁和甘油保存的多角体等放在离心管中，装量约为离心管容量的40%，再加入灭菌水，然后将此离心管分插在离心机两边的管孔中（注意两边离心管的重量必须相等）。每次离心沉淀10～15min，用2 000r/min的速度，每离心沉淀一次，取出离心管，弃去上清液，加入灭菌水充分混合继续离心沉淀，经3～4次，即可得到纯净的多角体悬浮液（此纯净多角体悬浮液也可用甘油保存）。

**4. 病毒的纯化** 中肠型脓病（CPV）与病毒性软化病（FV）混发而造成CPV与FV混杂，可用下法纯化：

（1）将病蚕中肠（或组织干）加少量灭菌水及石英砂磨碎离心沉淀（3000r/min）15min，取上清液1份加0.2mol/L pH3醋酸缓冲液（或0.11mol/L pH3柠檬酸缓冲液）9～10份，25℃处理1h，可使CPV失活，得FV。

（2）将中肠型脓病多角体（CP）与FV混合液用2%福尔马林（最终浓度），22℃处理1h使FV失活。处理液离心沉淀（3000r/min）15min，弃去上清液，保留CP沉淀，继续用灭菌水洗净多角体，离心沉淀，反复数次，即可得纯净CP。

## 三、血球计数板的应用

**1. 血球计数板的式样** 血球计数板是一片特制的厚载玻片，上面刻有两只精密的计数室，全室划分为9个大方格，四角4个大方格，每格面积为1mm$^2$，深度为0.1mm，每格又等分为16个中方格，每个中方格面积为1/16mm$^2$，容积为1/160mm$^3$，常用于白细胞的计数。中央的一个大方格，用双线分为25个中方格，每个中方格又为16个小方格，共计400个小方格，每小方格的面积为1/400mm$^2$，容积为1/4000m$^3$，常用于红细胞的计数。家蚕病原体微粒子孢子、多角体、真菌孢子也用它计数。

**2. 血球计数板的用法** 计数前需把要检测的病原体，用无菌水稀释成适当倍数，充分摇匀。然后，用吸管（或取菌环）将检液移到血球计数室边上，盖玻片下方，要求检液量适中，分布均匀，不发生气泡，静止3～5min，进行镜检计数（微粒子孢子多角体等用400倍镜检即可）。检测时一般计算5个中格——四角及中央（每中格16个小方格），计数时凡中方格内的均要计算，边界线上的按"数上不数下，数左不数右"的原则处理。记录各中格内的病原数，重复数次，取平均值。列镜检计数多角体结果如下：

| | 1次 | 2次 | 3次 | 4次 |
|---|---|---|---|---|
| 第一中格 | 48 | 49 | 51 | 53 |
| 第二中格 | 50 | 51 | 52 | 51 |
| 第三中格 | 49 | 53 | 53 | 49 |
| 第四中格 | 51 | 51 | 51 | 54 |
| 第五中格 | 52 | 52 | 49 | 52 |
| 平　均 | 50 | 51 | 51 | 52 |

注：1. 总平均值＝（50＋51＋51＋52）/4＝51。

2. 各中格病原计算相差过大（如大于20），说明检液不匀，必须重做。

即每个中格（16个小方格）平均值为51，每个小方格含有51/16＝3.18个多角体，因为每1小方格容积为1/4000mm$^3$，所以1mm$^3$容积实含多角体数为：

4000×3.18＝12720（个）

如果计数前病原经过一定稀释的，还需乘以其稀释倍数。

**图书在版编目（CIP）数据**

蚕病防治技术 / 王明霞主编 .—北京：中国农业出版社，2018.8

职业教育农业部规划教材

ISBN 978-7-109-23571-7

Ⅰ.①蚕… Ⅱ.①王… Ⅲ.①蚕病－防治－职业教育－教材 Ⅳ.①S884

中国版本图书馆 CIP 数据核字（2017）第 285270 号

中国农业出版社出版

（北京市朝阳区麦子店街 18 号楼）

（邮政编码 100125）

责任编辑 张 欣

文字编辑 钟海梅

---

中国农业出版社印刷厂印刷 新华书店北京发行所发行

2018 年 8 月第 1 版 2018 年 8 月北京第 1 次印刷

---

开本：787mm×1092mm 1/16 印张：9.75

字数：220 千字

定价：25.00 元